配电网停送电联系工作指南

苏小平　主编

中国水利水电出版社
www.waterpub.com.cn
·北京·

内 容 提 要

本书从配电网基础知识和调度运行基本常识入手，以安全生产为主线，阐述了配电网生产运行中停送电联系人的岗位职责及需要掌握的基础知识，介绍了配电网调控管理的基础知识，包括调控管理规程、线路倒闸操作、带电作业、线路合解环等。书中详细说明了计划检修、故障缺陷处置业务的流程和规范，并结合实际情况列举了相关案例，包括保电申请、检修申请等，为读者在实际工作中办理相关业务提供指南。

本书可作为用电客户停送电联系人和电气设备负责人的岗位技能培训教材，也可作为配电网业扩报装、抢修指挥、运行维护等专业人员的参考书。

图书在版编目（CIP）数据

配电网停送电联系工作指南 / 苏小平主编. -- 北京：
中国水利水电出版社，2020.12
ISBN 978-7-5170-8181-4

Ⅰ．①配… Ⅱ．①苏… Ⅲ．①配电系统－电力系统调
度－指南 Ⅳ．①TM73-62

中国版本图书馆CIP数据核字(2021)第015742号

书　　名	**配电网停送电联系工作指南** PEIDIANWANG TINGSONGDIAN LIANXI GONGZUO ZHINAN
作　　者	苏小平　主编
出版发行	中国水利水电出版社 （北京市海淀区玉渊潭南路1号D座　100038） 网址：www.waterpub.com.cn E-mail：sales@waterpub.com.cn 电话：(010) 68367658（营销中心）
经　　售	北京科水图书销售中心（零售） 电话：(010) 88383994、63202643、68545874 全国各地新华书店和相关出版物销售网点
排　　版	中国水利水电出版社微机排版中心
印　　刷	北京瑞斯通印务发展有限公司
规　　格	184mm×260mm　16开本　9印张　219千字
版　　次	2020年12月第1版　2020年12月第1次印刷
印　　数	0001—1200册
定　　价	**70.00**元

《配电网停送电联系工作指南》
编 委 会

前言

FOREWORD

配电网作为电力输送的最末端和客户用电感知的最前端，遍布于各公共空间和用电场景，网内供电企业设备和电力客户自由设备不断交织，外力破坏风险、电网运行风险、设备故障风险等不断集聚。在内、外多重压力下，配电网不安全事件时有发生，不仅造成电器设备损毁、供电意外中断，严重者甚至导致人身伤亡，并引发重大舆情事件，因此，配电网安全可靠运行一直是政府、企业和公众共同关注之所在。为确保配电网安全可靠运行，不仅需要高标准规划、高水平建设，更需要高质量运行控制。这就要求处于配电网运行控制链条上的所有人员都应具备较高的专业技能和职业素养，并能以规范的交流语言进行高效沟通。其中，调度部门人员作为供用电整个链条中的核心运行人员通常有较严格的上岗要求和培训流程，对电网运行和安全生产有较深刻的认识。但处于链条末端，与调度部门人员进行停送电联系的人员（停送电联系人）长期以来业务水平良莠不齐，沟通能力各有差异，甚至有些用电客户未配置专职停送电联系人，或虽有配置，但不具备电气负责人上岗资质。当前，配电网网架结构越来越复杂、电力设备种类越来越多元，一旦停送电联系人与调度运行人员沟通不畅，极易引发误操作、误调度，造成严重后果，也曾出现为经济利益而冒充停送电联系人与调度进行联系的事例，安全隐患和风险极大。因此，亟须通过体系化、专业化的培训，提升广大停送电联系人的专业素养，提升整个配电网停送电操作的效率，保证配电网安全可靠运行。目前，国内鲜见专门面向停送电联系人的专业书籍，为此，编者广泛搜集国内外有关资料，结合配电网调控工作经验及多年的停送电联系人培训经历，编写了本书，以便停送电联系人学习、培训使用。

本书第一章明确了停送电联系人的重要性，并介绍了配电网停送电联系人的岗位职责和履职要求，第二章和第三章从配电网的基础知识、调度运行基本常识入手，以安全生产为主线，阐述了配电网生产运行中停送电联系人所需要掌握的配电网结构，一、二次设备，线路倒闸操作，调控运行管理规程等专业知识。第四章以配电网运行检修的停送电联系为核心，结合实际案例详细介绍了计划检修、缺陷及故障处置业务的流程和联系规范。第五章主要介绍配电网用电接入停送电联系的相关知识，包括业扩报装、可开放容量等内容。第六章主要介绍配电网停送电联系的相关业务，如有序用电、保电业务等内容。第七章主要介绍了随着配电网智能化、多元化的发展，配电网停送电联系人未来可能会涉及的各类业务，如智能配电网技术、分布式电源并网，以拓宽停送电联系人视野，紧跟现代电网发展潮流。

本书在编写过程中得到输配电装备及新技术国家重点实验室、国网四川省电力公司电力调度控制中心、设备管理部等部门及领导的大力支持，在此表示感谢。

鉴于编者水平所限，编写时间仓促，书中难免存在不足或疏漏，恳请广大读者提出宝贵意见，以便进一步完善。

编者

2020 年 6 月

目录

CONTENTS

第一章 配电网停送电联系人岗位概述

停送电业务由于直接关系到电网的安全稳定及用户的用电体验，是配电网日常运行的核心工作之一。由于历史原因，广大停送电联系人的业务水平良莠不齐，甚至有些用电客户并无专职停送电联系人或者电气负责人无证上岗，在配电网网架结构越来越复杂、电力设备产权越来越多元的当下，一旦因停送电联系人与调度运行人员的沟通不畅、认识错位引发误操作、误调度，将造成严重后果。更有甚者出现部分不法分子冒充停送电联系人与调度进行联系，安全隐患和安全风险极大。因此，目前亟须将以往散落，甚至口口相传的停送电联系制度形成专业化、体系化的思维，以提升广大停送电联系人的专业水平，以保证配电网的安全可靠运行。

本章从理论知识方面、从实际业务方面，对停送电联系技术进行了全面的介绍，同时通过典型案例分析，将停送电联系技术的业务理论与实践相结合，从而指导相关部门人员安全高效地完成配网停送电任务，以保障电网设备安全、维护供电企业形象、提升优质用电服务。

第一节 配电网停送电联系人的重要性

习近平总书记在党的十九大报告中指出，要树立安全发展理念，弘扬"生命至上，安全第一"的思想，健全公共安全体系，完善安全生产责任制，坚决遏制重特大安全事故，提升防灾减灾救灾能力。党中央对安全生产工作的部署要求，集中体现了我们党全心全意为人民服务的根本宗旨和以人民为中心的发展思想，为做好安全生产工作指明了方向。

结合配电网的工作实际，由于配电网与用电客户直接相连，兼具电压等级高的特点，稍有不慎，将造成重大安全事故，危及工作人员人身安全。而按照海因里希法则（Heinrich's Law），每一起重大的事故背后必有 29 起轻微的事故，还有 300 起未遂事故、隐患、不安全行为，如图 1-1 所示。

本节选取了部分典型安全事故案例，强调停送电联系人按章作业的重要性，以起到警示作用。

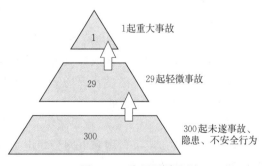

图 1-1　海因里希法则

一、倒闸操作

【案例 1】

1. 事故发生经过

2018 年 1 月 13 日，某供电公司停送电联系人张某与配网调控员联系 10kV 某路 1 号环网柜消缺计划工作结束，申请送电。该供电公司运维人员李某执行送电调令，同时 10kV 某路 2 号环网柜的消缺工作仍在进行，李某因没有执行调令的复诵制度，错误执行调令，误将某路 2 号环网柜送电，导致现场工作人员陈某触电身亡。

2. 事故直接原因

现场工作人员违反了《国家电网公司电力安全工作规程（配电部分）（试行）》中关于倒闸操作复诵调度指令的规定：

5.2.4.1　倒闸操作应根据值班调控人员或运维人员的指令，受令人复诵无误后执行。发布指令应准确、清晰，使用规范的调度术语和线路名称、设备双重名称。

3. 事故间接原因

（1）现场操作人员接受调度指令时，未严格执行调度指令复诵制度，导致错听、误听，错执行、误执行调度指令票，进而引发人身和设备安全事故。

（2）现场操作人员在接受调度指令的时候，未核查调度指令票票号、调度指令票任务以及调度指令票内容的正确性。

4. 事故教训

（1）停送电联系人在工作前应进行详细的现场勘查，查明工作中的危险点，包括易产生混淆的设备名称，并做好事故预想，同时与工作现场负责人履行全面的安全交底手续。

（2）现场人员在接收、执行调度指令时，停送电联系人或工作负责人应熟悉工作内容和调度指令，并做好调度指令复诵和操作监护工作。

二、调度联系

【案例 2】

1. 事故发生经过

2018 年 5 月 13 日，停送电联系人陈某与配网调控员联系 10kV 甲路（与乙路同杆双回）树枝压线故障处理时，将故障线路 10kV 甲路错误说成 10kV 乙路，导致 10kV 乙路停电而故障线路未停电。随后，现场工作人员周某在没有采取验电、挂接地线等安全措施的情况下登杆，当场触电身亡。

2. 事故直接原因

现场工作人员违反了《国家电网公司电力安全工作规程（配电部分）（试行）》中，关于验电及安全措施的规定：

4.3.1　配电线路和设备停电检修，接地前，应使用相应电压等级的接触式验电器或测电笔，在装设接地线或合接地刀闸处逐相分别验电。室外低压配电线路和设备验电宜使用声光验电器。架空配电线路和高压配电设备验电应有人监护。

5.2.6.14　配电线路和设备停电后，在未拉开有关隔离开关（刀闸）和做好安全措施前，不得触及线路和设备或进入遮栏（围栏），以防突然来电。

3．事故间接原因

（1）停送电联系人未核实清楚故障线路便与调度联系，现场管理人员监护不到位，未按规定验电接地，盲目开工。

（2）停送电联系人必须现场核实清楚故障线路，严禁误停、错停线路，现场工作人员必须在验电接地做好临时安全措施后方可开始工作。

4．事故教训

（1）处置故障及紧急缺陷时，停送电联系人应核实清楚故障线路名称及工作范围内同杆多电源情况。

（2）停送电联系人应正确组织现场工作，保证安全、高效。

三、设备检修

【案例3】

1．事故发生经过

2014年1月13日，某公司检修班组在某变电站10kV高压室对602号开关柜、6023刀闸柜进行拆除工作。现场602号开关柜与29号开关柜之间共用隔离边屏，两开关柜之间采用螺栓连接，需打开29号开关柜才便于工作，且29号开关柜内线路侧刀闸带电，但开工前工作负责人未向作业人员清楚交代上述情况。

在拆除过程中，工作班成员李某拉开与602号工作柜相邻的29号开关柜门进入柜内拆卸螺栓，带电刀闸通过李某右前臂对地放电，造成李某触电受伤。

2．事故直接原因

现场工作人员违反了《国家电网公司电力安全工作规程（配电部分）（试行）》中关于安全交底的规定：

3.3.12.2　工作负责人工作前，对工作班成员进行工作任务、安全措施交底和危险点告知，并确认每个工作班成员都已签名。

3．事故间接原因

（1）作业前停送电联系人未对工作负责人进行安全交底或交底不清楚，导致作业人员不了解作业环境、危险点及预控措施等情况，存在严重安全风险。

（2）现场工作人员在进行工作前，未进行验电并做好安全措施即开始工作，盲目开工。

4．事故教训

（1）停送电联系人应熟悉工作现场的各项危险点，并与工作负责人进行安全交底。

（2）工作过程中，停送电联系人应对现场人员起到监护作用。

【案例4】

1．事故发生经过

2001年5月10日，某公司在进行某220V低压线路农网改造工作中，工作负责人王某在工作未完全结束的情况下，擅自离开现场去吃饭。返回施工现场后未清楚了解现场工作情况，也未核实人员是否全部下杆就结束工作，并命令送电，导致仍在该支线 2 号杆上进行扎线工作的张某触电死亡。

2. 事故直接原因

现场工作人员违反了《国家电网公司电力安全工作规程（配电部分）（试行）》中关于工作负责人、专责监护人在工作现场的规定：

3.5.2　工作负责人、专责监护人应始终在工作现场。

5.5.1　工作许可手续完成后，工作负责人、专责监护人应向工作班成员交代工作内容、人员分工、带电部位和现场安全措施，进行危险点告知，并履行确认手续。装完工作接地线后，工作班方可开始工作。工作负责人、专责监护人应始终在工作现场。

3. 事故间接原因

（1）工作负责人不在作业现场，不能安全有序地组织现场施工，且对现场作业情况掌握不清楚。作业人员可能处于无安全监护状态，或存在作业人员操作流程及方法不正确、检查不到位、安全措施执行不到位等情况，因此发生人身和设备事故。

（2）工作负责人因故暂时离开工作现场时，未指定具备相应资质的人员临时代替，且未在离开前将工作现场交代清楚或告知工作班成员。

4. 事故教训

停送电联系人在工作过程中，应时刻把控现场工作及人员的动态，若有不符合安全规程的行为应及时制止并向调控员汇报。

四、现场勘察

【案例 5】

1. 事故发生经过

2015 年 10 月 28 日，某施工班组在 10kV 某线路 3 号杆某村支线拆除工作中，作业人员关某在该支线 1 号杆上工作转位时不慎触动中相导线，导致该导线跳动并触及支线 0～1 号上方跨越的一条 10kV 带电运行线路，关某触电身亡。事后测量该支线与上方带电运行线路交叉垂直距离仅为 0.45m，而作业前的现场勘察书中并未明确该危险点，未制定有效的安全措施。

2. 事故直接原因

现场工作人员违反了《国家电网公司电力安全工作规程（配电部分）（试行）》中关于工作现场勘察的规定：

3.2.3　现场勘察应查看检修（施工）作业需要停电的范围、保留的带电部位、装设接地线的位置、邻近线路、交叉跨越、多电源、自备电源、地下管线设施和作业现场的条件、环境及其他影响作业的危险点，并提出针对性的安全措施和注意事项。

3. 事故间接原因

(1) 停送电联系人在作业前未认真组织现场勘察。现场勘察应查看作业需要停电的范围、保留的带电部位和作业现场的条件、环境及其他危险点等。

(2) 未根据现场勘察结果进行危险点分析和制定相应的预控措施，也未编制与现场相符的标准化作业书（包括组织措施、技术措施、安全措施）。

4. 事故教训

停送电联系人在工作前应组织现场勘察，确定停电的范围、保留的带电部位和作业现场的条件、环境及其他危险点等，并制定相应的预控措施。

五、安全监护

【案例 6】

1. 事故发生经过

2003 年 12 月 16 日，某公司施工队在 10kV 某线路改接工程中，两名作业人员在 10 号杆上拆导线时，下方一名作业人员将该杆拉线松开，造成倒杆，导致杆上两名作业人员坠地，一人重伤、一人轻伤。

2. 事故直接原因

现场工作人员违反了《国家电网公司电力安全工作规程（配电部分）（试行）》中关于杆塔检修的规定：

6.3.14 杆塔检修（施工）应注意以下安全事项：

(1) 不得随意拆除未采取补强措施的受力构件。

(2) 调整杆塔倾斜、弯曲、拉线受力不均时，应根据需要设置临时拉线及其调节范围，并应有专人统一指挥。

(3) 杆塔上有人时，禁止调整或拆除拉线。

3. 事故间接原因

(1) 调整或拆除杆塔拉线会破坏杆塔的受力平衡，易发生意外倒杆伤人或作业人员失稳坠落等事故。

(2) 杆上有人员作业时，如需调整或拆除拉线，应通知杆上人员全部撤离，并根据现场环境设置临时拉线或采取其他补强措施，同时要有专人指挥。

4. 事故教训

工作进行中，停送电联系人应做好监护工作，及时制止不安全行为。

第二节 配电网停送电联系人的定义及岗位职责

本节分别从停送电联系人的基本定义、停送电联系人的资格及岗位要求两个方面，对停送电联系人进行全面的介绍，包括停送电联系人的定义、作用意义、人员组成、业务水平要求、资格取得方式和工作中的注意事项等。

一、停送电联系人的基本定义

停送电联系人是指与调控机构在检修、缺陷及故障处置等业务方面进行停送电联系，并在调度机构的许可下开展现场工作的人员。在本书中，一般指用电客户的配电网停送电联系人。

通常情况下，关于电气设备的运行、维护、检修、调试等工作，停送电联系人都需要及时向供电公司调度部门进行申办、接洽和联系。停送电联系人在供电公司配网调控员和现场电气设备之间发挥着桥梁和纽带作用。

配电网停送电联系人通常可由以下人员担任：①用电客户调度当值调控员（如各级铁路电气调度员、轨道交通电气调度员等）；②变电运维班组的当值正班；③配电网线路运维、检修人员；④用电检查人员；⑤其他已考取停送电联系人资质的人员。

配电网停送电联系人主要承担以下职责：①与当值配网调控员联系检修申请及故障、缺陷处理工作的开工、完工；②接收配网调控指令并对调控指令的操作正确性负责；③负责向现场工作负责人进行安全交底；④负责把控现场工作进度、临时安全措施；⑤及时向配网调控员汇报现场情况。

二、停送电联系人的资格及岗位要求

停送电联系人既是电气工作的停送电联系人，又是电气工作的工作许可人，因此，停送电联系人应该具备较高的文化水平、较强的纪律和安全意识、良好的沟通协调能力，并对现场电气设备十分熟悉。

通常情况下，担任停送电联系人的人员，要么是电气设备的现场技术负责人，要么是具有一定职务的现场工作负责人或领导人，要么是从事现场电气工作的主要人员。

供电公司公网部分的停送电联系人，作为供电公司优质服务水平的现场第一人，其业务水平和综合素质往往决定着能否高效、安全地完成停电送电任务。停送电联系人由供电公司内部具有停送电联系资格的人员担任。客户产权设备的停送电联系人，由客户指定的具有停送电联系资格的人员担任。应特别注意，客户产权设备的停送电联系人原则上应该由客户自行指定。在实际工作中客户往往没有进行指定，而是委托供电公司用电检查人员担任停送电联系人。

在确保电网设备安全、维护供电企业形象、提供优质用电服务等方面，停送电联系人发挥着举足轻重的作用。对停送电联系人资格进行规范化管理尤为重要。

自 2004 年 1 月 1 日起，所有需办理停电检修申请书进网作业的人员都必须持供电公司颁发的《停送电联系人资格证》，才具备停送电联系人的资格，并办理用户停电检修申请书。直到 2015 年国务院取消一批资格许可和认定的决定中要求电力相关资格证只能由国家能源局监管办公室、国家电力监管委员会颁发。

为了实现停送电高效联系，对现场进行严格的安全把关，2015 年 7 月以来，供电公司调控机构定期组织停送电联系人培训班，申报停送电联系人资格必须考取国家电力监管委员会颁发的电工进网作业许可证。经供电公司安监部门的《国家电网公司电力安全工作规程》考试合格后才能报名参加培训。参加培训的人员经过培训和考试合格后，在供电公司调控机构进行备案，即为取得停送电联系人资格。

取得停送电联系人资格的人员每年进行一次培训考试，逾期未参加考试的，停送电联系人资格自动失效。

第三节　配电网停送电联系人的工作内容

配电网停送电联系人的工作繁杂，业务种类丰富，既有电网日常运行中的停送电联系，又有业扩报装中的停送电联系，要求相关人员专业基础扎实，知识领域宽广。

一、配电网设备的检修类型

配电网建设改造、检修消缺、业扩工程等涉及地域范围内配电网停电或启动送电的工作，均须列入配电网检修计划。配电网检修计划分为年度检修计划、月度检修计划、日检修计划三大类。年度检修计划由供电公司运维检修部会同供电公司调度部门、营销部，召集主要检修单位、基建单位、各供电公司安监部，根据设备检修规程规定讨论编制，由供电公司批准后下达执行。月度检修计划由供电公司调度部门、运维检修部会同各检修、运行、基建单位，依据年度计划，结合配电网实际运行情况，按照配电网设备计划检修原则，在月度检修计划平衡会上统一平衡，由供电公司批准后下达执行。日检修计划是由运维检修部起草，发送至调控部门进行审核，由供电公司批准后下达执行。

配电网设备检修分为配电网设备计划检修、配电网设备非计划检修、客户设备停电检修三类。

（1）配电网设备计划检修是指列入《月度检修计划》，有计划进行的检修工作，包括年检、预试、消缺、更新改造以及新客户搭接等工作。

属于配电网设备计划检修的检修工作，由各检修设备所属运行单位办理《计划停电检修申请书》，其办理流程见本书附录 B。

各单位停送电联系人应在检修工作开始前 5 个工作日至前 1 个工作日的每日 12：00前，按《供电公司电气设备检修申请书》规定的内容及计划检修申请审批流程，办理停电检修申请。检修工作内容必须同检修申请书的项目一致，临时因特殊情况需变更检修内容时，必须经供电公司总工程师批准。

计划检修工期一经确定，不得擅自更改，若因配电网原因决定变动检修工期，供电公司调度部门应提前告知设备运行、检修单位，并在条件成熟时优先重新安排检修工期。若因运行、检修单位原因，应在新的计划检修工期开工前 3 天向供电公司调度部门书面申请，并说明原因。

（2）配电网设备非计划检修是指没有列入月度检修计划的输变电设备异常或缺陷需停

运处理的以及事故后设备检修等停电检修工作。

属于配电网设备非计划停电检修的检修工作，由各检修设备所属运行单位办理配电网设备非计划停电检修申请书。输变电设备发生异常或缺陷需停运处理的，在设备停运前12h办理。事故后设备的检修不能在24h内完成的，及时办理。原则上在检修工作开始前5个工作日至前1个工作日的每日上午12：00前办理。

（3）客户设备停电检修是指供电公司调度部门管辖范围内，客户产权的配电设备需停电检修或需配合停电，由客户提出的停电检修工作。

属于客户设备停电检修的检修工作由客户书面认定并在调度部门备案的停送电联系人，或受客户委托并持有加盖客户公章委托书的具备停电检修工作资质的检修单位的停送电联系人办理《停电检修申请书》（客户检修）。《停电检修申请书》（客户检修）的办理时间为客户设备停电前3个工作日。

临时检修和事故抢修，一般情况下按计划检修规定办理。如急需处理的，可以向值班调控员申请，值班调控员有权批准下列非计划检修：①设备异常需紧急处理及设备事故后的紧急抢修且在24h内能够完成的检修项目；②在当值内可以完工且不超出已批准的《停电检修申请书》停电及工作范围的临时消缺工作。

二、停送电联系分类

设备的状态分为在运行设备及待接入设备，因此停送电联系的分类可以归为配电网运行状态下的停送电联系和配电网用电接入的停送电联系。

对于配电网运行状态下的停送电联系，主要按照配网设备的检修类型，将公网设备和用户设备的停送电联系分为计划检修的停送电联系和非计划检修的停送电联系。

凡改变配电网运行方式（如设备投运及停运、从操作到检修状态等），改变设备状态（如二次系统的模式切换、定值更改、回路接线工作等），各项试验（如保护及安自装置等二次工作的调试），带电作业等检修项目均应报送相应的检修计划。凡列入检修计划的工作项目（包括计划检修项目和临时检修项目），工作前均须提交相应的《停电检修申请书》。

停送电联系与配电网设备检修、停电检修申请书的对应关系见表1-1。

表1-1　　　　　停送电联系与配电网设备检修、停电检修申请书的对应关系

停送电联系类型	配网设备检修类型	停电检修申请书类型
计划检修的停送电联系	设备计划检修	计划停电检修申请书（公网设备或用户设备）
非计划检修的停送电联系	设备非计划检修	非计划停电检修申请书（公网设备或用户设备）

危急缺陷和故障造成的设备非计划检修，无须办理非计划停电检修申请书。在危急缺陷和故障发生的紧急情况下，设备运行维护单位可直接向值班调控员申请停电检修，然后开展相关的停送电联系工作。

因此，按照不同工作流程，停送电联系实际工作分类如图1-2所示。

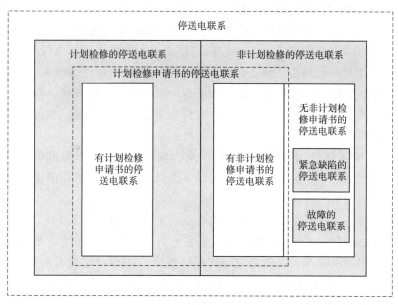

图1-2　停送电联系实际工作分类

第四节　相关法律法规及配电网联系人工作注意事项

一、相关法律法规

电力行业相关的法律法规和各项制度规范是开展停送电联系工作的依据，现行的电力行业法律法规以"一法五条例"为核心。目前，尚无专门针对停送电联系的法律及规范，相关内容主要分散在各相应的法规和规范中。

1. 停送电联系涉及的法律

《中华人民共和国电力法》是现行电力法律体系的核心，是相关电力法规的制定依据，其他法律如《中华人民共和国物权法》《中华人民共和国合同法》等也有涉及电力行业的内容。

《中华人民共和国电力法》于1995年12月28日全国人民代表大会常务委员会审议通过，2015年4月24日修订。其中第四章第二十九条明确规定："供电企业在发电、供电系统正常的情况下，应当连续向用户供电，不得中断。因供电设施检修、依法限电或者用户违法用电等原因，需要中断供电时，供电企业应当按照国家有关规定事先通知用户。"供电企业要能准确通知用户，很多时候需要停送电联系人的高效工作。

2. 行政法规

行政法规一般以"条例""办法""实施细则""规定"等形式体现，效力次于宪法和法律，高于地方法规和行政规章，1987年起，国务院陆续颁布了多部与电力有关的条例。

（1）《电网调度管理条例》于1993年6月29日国务院令第115号发布，同年11月1日起施行，2011年1月8日修订，是为了加强电网调度管理，保障电网安全，保护用户利益，适应经济建设和人民生活的需要而制定。条例涉及调度管理的相关内容，作为需要与电网调控人员进行大量沟通的停送电联系人，了解该条例有利于提升沟通效率。

（2）《电力供应与使用条例》由 1996 年 4 月 17 日国务院令第 196 号发布，同年 9 月 1 日施行，2016 年 2 月 6 日修订。该条例依据《中华人民共和国电力法》，是为加强电力供应与使用的管理，保障供、用电双方的合法权益，维护供、用电秩序，保证安全经济合理地供电和用电而制定的。其中对供用电双方权利和义务进行了明确，是停送电联系人应熟悉的重要条例。

《电力设施保护条例》《电力监管条例》《电力安全事故应急处置和调查处理条例》等重要电力行业条例，也是停送电联系人拓展行业知识，依法开展工作的重要依据。

3. 部门规章

部门规章指国务院各部委制定和发布的规范性文件。行政规章的名称一般称规定、办法等。电力行业的多个管理部门，针对各自职责和各时期的管理重点，颁布了多项部门规章。据不完全统计，原电力工业部共颁布的部门规章 103 部，现行有效的 45 部；原国家电力监管委员会颁布了部门规章 31 部，现行有效的 23 部，其中 3 部已修订；国家发展和改革委员会已颁布的部门规章 5 部，现行有效的 3 部。其中与停送电联系工作密切相关的有以下两部。

（1）《电网运行规则（试行）》于 2006 年 11 月 3 日公布，是保障电力系统安全优质经济运行，维护社会公共利益和电力投资者、经营者、使用者合法权益的重要规定。第四章第三十九条："电网企业、电网使用者应当按照检修计划安排检修工作，加强设备运行维护，减少非计划停运和事故。电网企业、电网使用者可以提出临时检修申请，调度机构应当及时答复，并在电网运行允许的情况下予以安排"，是停送电检修申请联系的重要依据。

（2）《供电营业规则》于 1996 年 10 月 8 日发布，是加强供电营业管理、建立正常供电营业秩序、保障供用双方合法权益的重要参照规定。第三章第十六条规定："任何单位或个人需新装用电或增加用电容量、变更用电都必须按本规则规定，事先到供电企业用电营业场所提出申请，办理手续。供电企业应在用电营业场所公告办理各项用电业务的程序、制度和收费标准"，该条款是进行行业扩报装的关键规定。

4. 地方性法规与规章

地方性法规，即地方立法和行政机关制定或认可的规范性法律文件，其效力低于宪法、法律和行政法规，一般称作条例、实施细则、办法、决议、决定等，地方性法规和地方性规章仅在本行政区域内有效。如四川省人民政府 2000 年 6 月 29 日执行的《四川省电力设施保护实施办法》、四川省人大常委会 2014 年 10 月 1 日开始执行的《四川省电力设施保护和供用电秩序维护条例》等。

5. 司法解释及通知复函

司法解释是国家司法机关在适用法律法规的过程中，对怎样具体应用法律法规的问题所做的解释，也是法律体系的重要渊源。通知复函是国家行政机关对部分热点、重点问题进行处理的具体答复或指导意见。例如：最高人民法院《关于审理破坏电力设备刑事案件具体应用法律若干问题的解释》（2007 年 8 月 13 日最高人民法院审判委员会第 1435 次会议通过法释〔2007〕15 号），国务院办公厅《关于实施〈中华人民共和国电力法〉有关问题的通知》(国办发〔1996〕11号)，国家工商行政管理局《关于电力公司强制用户接受其不合理条件的行为定性处理问题的答复》(工商公字〔2000〕143号)。

6. 电力行业标准

电力行业标准是电力规范中的一个特殊部分。至今电力行业的相关标准已有数千项，配电网领域的技术标准就有近百项，包括 DL/T 1649—2016《配电网调度控制系统技术规范》、DL/T 1563—2016《中压配电网可靠性评估导则》、DL/T 599—2016《中低压配电网改造技术导则》、DL/T 5709—2014《配电自动化规划设计导则》等。

二、工作注意事项

在一项工作中，停送电联系人不得变更，开工联系人与完工联系人必须保持一致。停送电联系人必须具有可靠的通信联系手段，以便与调控机构进行工作联系，若停送电联系人联系方式发生变更，应及时向供电公司调控机构汇报，并由供电公司调控机构进行备案。

直接搭接在公网线路上的客户产权支线，从搭接点到客户侧第一个明显断开点为分界点，支线上的所有工作包括事故处理，客户必须委托专业人员进行作业，由当地所属供电公司管理。被委托单位必须提前五天持客户施工委托书，到供电公司调控机构办理正式停电申请手续。

在分界点以内进行施工作业时，无论线路是否停电，必须拉开分界点相关开关、刀闸或跌落保险，并且严禁在分界点线路侧挂接地线。

进行线路施工作业(或站内工作)前，应严格执行工作许可制度，必须在得到供电公司调控机构当值调控员的工作许可指令后才能开始工作，并做好记录。严禁不经许可即开始工作和约时开工。

第二章 停送电联系人应知配电网基础知识

配电网是指从输电网或地区发电厂接受电能，通过配电设施就地分配或按电压逐级分配给各类用户的电力网。配电网由架空线路、电缆、杆塔、配电变压器、隔离开关、无功补偿器及一些附属设施等组成，在电力网中起的分配电能的重要作用。

1949年中华人民共和国成立以前，电网的形成和发展非常缓慢。各地区之间电压标准不统一，网络分散或独立，但电力事业依然在艰难中发展。各级电压最早建成的线路是：1897年在上海建成2.5kV供路灯用的5条输电线路；1908年建成22kV石龙坝水电厂至昆明的线路；1921年建成33kV石景山发电厂至北京城区的线路；1933年建成44kV抚顺电厂出线；1934年建成66kV延边至老头沟的线路；1935年建成154kV抚顺电厂至鞍山的线路；1943年建成110kV镜泊湖水电厂至延边的线路；1943年建成220kV水丰电厂至大连的线路。云南石龙坝水电厂于1912年建成投运，为我国第一个水电厂。上海电光公司于1882年成立，为我国第一个火电企业。浙江秦山核电站于1991年建成，为我国第一个核电厂，具有历史性的意义。

21世纪以来，国家投入了大量资金对城市电网及农村电网进行升级改造，取得了阶段性成果。随着近郊城市化程度的迅速提高，对配电网网架结构提出了更高要求，配电网处于整个电力网络的末端，直接针对用户。城市规模特点的不同，使得各城市配电网的规模结构也不尽相同。总结而言，配电网有以下特点：

（1）系统接线复杂，必须保证调度上的灵活性，运行上的供电连续性和经济性。

（2）设备众多，体量大，遍布于各个场所，容易受到外力破坏等因素的影响，也极易发生人身伤亡事故。

（3）设备需要经常性的升级改造或配合市政工程而迁改。

（4）与用户利益密切相关，停电将造成较大的社会影响和经济损失。

（5）随着配电网自动化水平的提高，对供电管理水平的要求越来越高。

（6）配电网建设运行的经济性决定了配电网的开环运行结构，但随着供电可靠性的要求提高，线路间的联络也越来越紧密。

（7）缺陷和故障处理是配电网日常运行中的最重要工作。

第一节 配电网概述

与输电网不同，配电网要从变电站、10kV馈电线路一直延伸到终端用户，10kV中压配电网是我国配电网的主干网，其供电半径为10km左右，因此可以说配电网是电力传输的"最后10公里"。我国规定配电网电压为110kV及以下，直至用户的受端电压。

配电网技术的发展经历了传统配电网、数字配电网和智能配电网 3 个阶段，这 3 个阶段发展的主要特征体现在配电网技术的能量流、信息流和业务流 3 个方面的关系，如图 2-1 所示。

从传统配电网到数字配电网再到智能配电网，配电网技术发展的能量流、信息流和业务流在不同阶段的主要特点见表 2-1。

配电网管理涉及发展、农电、运检、营销、调度等不同部门，其基础数据分散在 D5000、PMS2.0 等各专业技术支持系统中，系统之间的数据标准与模型不尽一致。同时各系

图 2-1 配电网技术的能量流、信息流和业务流的关系

统分散建设，缺乏有效的数据共享机制。此外，配电网结构复杂且庞大，历年来投资较少，建设水平不高，配电网通信及信息系统发展相对滞后，缺少信息获取渠道。在管理上体现为精细化程度差，数据、图形和信息无法对应，甚至存在某种意义上的"盲调"局面。

表 2-1 配电网技术发展各阶段的主要特点

配电网技术发展阶段	能量流	信息流	业务流
传统配电网	潮流由变电站单方向流向用户	信息传输慢、不完整，较多信息孤岛	业务流程局限于部门内部
数字配电网	潮流由变电站单方向流向用户	信息系统有效集成，实现跨部门信息共享	业务流程的纵向与横向贯通
智能配电网	潮流实现双向流动	信息全面集成，实现双向对等通信，支持分布式处理	支持互动业务流程、全局优化的决策支持

在配电网三流融合与互动的基础上，智能配电网具有集成、自愈、互动、优化和兼容 5 个关键特征。因此，智能配电网的建设重点是在数字化电网信息化企业的基础上构建集成、自愈、互动、优化和兼容的柔性电网，也是城市能源互联网建设发展的目标。

随着我国配电网建设投入不断加大，配电网发展取得显著成效，但配电网供电水平相对国际先进水平仍有较大差距，甚至相对于我国主网供电水平也有较大差距。特别是城乡区域发展极不平衡，供电质量亟待改善。截至 2017 年，10kV 线路仍有近一半未实现互联，农网互联比例仅为城网 1/3。配电自动化仍然处于起步阶段，覆盖面积不广，故障诊断、隔离和恢复时间较长，配电网重构和自愈能力不强，体现为互供能力差，直观感受为恢复供电时间长。建设城乡统筹、安全可靠、经济高效、技术先进、环境友好的配电网络设施和服务体系一举多得，既能够保障民生、拉动投资，又能够带动制造业水平提升，为适应能源互联、推动"互联网＋"发展提供有力支撑，对于稳增长、促改革、调结构、惠民生具有重要意义。

为加快推进配电网建设改造，国家能源局发布了《配电网建设改造行动计划（2015—2020 年）》，其中提到：2015—2020 年，配电网建设改造投资不低于 2 万亿元，其中 2015 年投资不低于 3000 亿元。预计到 2020 年，高压配电网变电容量达到 21 亿 kVA、线路长度达到 101 万 km。目前，各地区纷纷从现有配电网的状况进行分析，根据需要和可能进

行改造，提高供电质量、可靠性和安全性，降低损耗，以适应电力体制改革的要求和城乡发展建设的需要。2014—2020 年配电网投资额如图 2-2 所示。

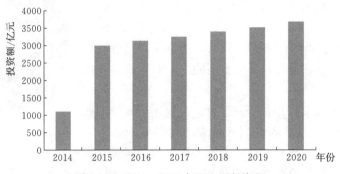

图 2-2　2014—2020 年配电网投资额

党的十九大报告强调推进能源生产和消费革命，构建清洁低碳、安全高效的能源体系，为我国能源电力事业发展指明了方向。当前，以清洁能源大规模开发利用为标志的新一轮能源革命正在深入推进，风能、太阳能、水能等清洁能源蓬勃发展。全球范围正在开启新一轮电气化进程，即再电气化，与传统能源生产消费方式下的电气化相比，再电气化进程在生产侧和消费侧同步发力的特征十分明显。

一、配电网分类

配电网按电压等级可分为高压配电网、中压配电网和低压配电网。

1. 高压配电网

高压配电网（35～110kV）指由高压配电线路和对应等级的配电变电站组成的向用户提供电能的网络。从上一级电源接受电能后，直接向高压用户供电，或通过变压器为中压配电网提供电源。城市配电网一般采用 110kV 电压等级。高压配电网具有容量大、负荷重、负荷节点少、供电可靠性要求高等特点。高压配电网塔架及架空线路如图 2-3 所示。常应用于城市地区对电压等级要求较高的化工、炼油等工业用户，敷设方式以架空为主，随着技术水平发展，电缆传输高压配电网逐渐成为主流方式。

图 2-3　高压配电网塔架及架空线路

2. 中压配电网

中压配电网是由中压配电线路和配电变电站组成的向用户提供电能的网络。其功能是从电源侧（输电网或高压配电网）接受电能，向中压用户供电，或经过配电变压器降压后向下一级低压配电网供电。中压配电网具有供电面广、容量大、配电点多的特点。我国中压配电网一般采用 10kV 电压等级。中压配电网架空线路及电缆如图 2-4 所示。

3. 低压配电网

低压配电网是由低压配电线路向用户提供电能的配电网。其功能是以配电变压器为电源，将电能直接送给

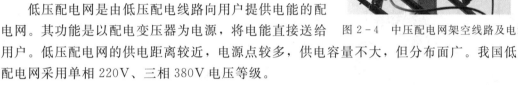

图 2-4　中压配电网架空线路及电缆

用户。低压配电网的供电距离较近，电源点较多，供电容量不大，但分布面广。我国低压配电网采用单相 220V、三相 380V 电压等级。

二、配电网负荷分类

电力负荷是指依法与供电企业建立供用电合同关系的电能消费者。配电网负荷按照与供电可靠性的要求相结合，以及中断供电后对政治、经济及社会生活所造成的损失或影响程度，可以分为以下三级。

1. 一级负荷

一级负荷是指停电将会造成人身伤亡，在经济上造成重大损失，在政治上造成重大不良影响、公共秩序严重混乱或环境严重污染的用电负荷。如重要交通和通信枢纽用电负荷，重点企业中的重大设备和连续生产线，政治和外事活动中心用电负荷等。

2. 二级负荷

二级负荷是指停电将在经济上造成较大损失、在政治上造成不良影响或公共秩序混乱的用电负荷。如突然停电将造成主要设备损坏、大量产品报废、环境污染、大量减产的工厂用电负荷，交通和通信枢纽用电负荷，大量人员集中的公共场所用电负荷等。

3. 三级负荷

三级负荷是指不属于一级负荷和二级负荷的其他用电负荷。如附属企业、附属车间和某些非生产性场所中不重要的用电负荷等。

对于一级负荷，要求供电系统当线路发生故障停电时，仍能保证其连续供电，故其应有两路电源供电，且两路电源不应是同杆双回架设，也不能出自同一变电站的同一条母线。一级负荷中特别重要的负荷必须增设自备应急电源，也可以由第三路电源供电作为备用电源。

二级负荷可由两回电源供电，当其中一回电源供电中断时，另一回电源应能满足全部或部分负荷的供电需要。用户也可以根据实际情况增设自备应急电源或其他应急措施。

三级负荷一般只有一回电源供电，视需要可以自备应急电源。

三、配电网结构

配电网建设初期多为放射式接线形式，也称链式接线，具有结构简单，维护方便，投

资小，建设速度快，新增负荷接入方便等特点。随着用户的不断接入，对供电可靠性要求越来越高，配电网中后期逐渐发展为环网式接线形式，接线方式灵活，适应性强，供电可靠性高，并且能满足双电源用户的供电需求。

（一）国内配电网典型接线模式

国内中压配电网结构主要有：辐射状和环式两种基本接线模式。

1. 辐射状接线模式

（1）中压架空配电网辐射状接线模式。该模式是指线路自配电变电站引出，呈辐射状延伸出去，中间无其他电源点，所有用户负荷通过单一路径供给。其中，单辐射结构架空配电网示意图如图2-5所示。

（2）中压电缆配电网辐射状接线模式。类似于中压架空配电网辐射状接线模式，无其他电源点，所有用户负荷通过单一路径供给。单辐射结构电缆配电网示意图如图2-6所示。

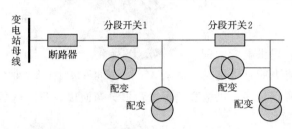

图2-5 单辐射结构架空配电网示意图

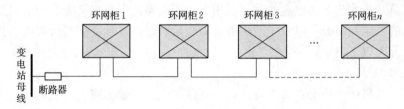

图2-6 单辐射结构电缆配电网示意图

2. 环式接线模式

（1）中压架空配电网环式接线模式，又称手拉手接线模式。单条线路合理分段，相邻线路"手拉手"，运行较为灵活，可靠性较高，故障情况下，可通过倒闸操作快速恢复非故障区域供电。手拉手接线模式示意图如图2-7所示。

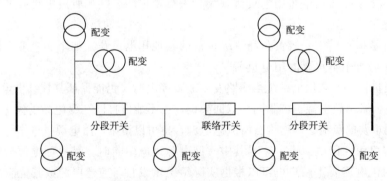

图2-7 手拉手接线模式示意图

（2）中压架空配电网多分段适度联络接线模式。这种接线模式的任何一条主干线路均由分段开关分段，每一段与相邻线路实现联络。当一条线路出现故障时，均不影响其他段的正常供电，缩小了故障影响范围，提高了供电可靠性。多分段适度联络接线模式示意图如图 2-8 所示。

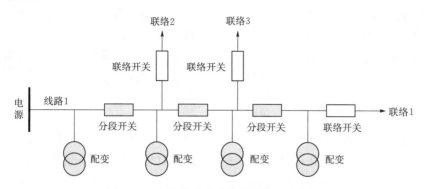

图 2-8　多分段适度联络接线模式示意图

（3）中压电缆配电网单环式接线模式。联络点一般为环网柜，类似于"手拉手"的架空线路模式，但可靠性更高，可以隔离任何一个环网柜，将停电范围缩小在一个环网柜范围内。单环式接线模式示意图如图 2-9 所示。

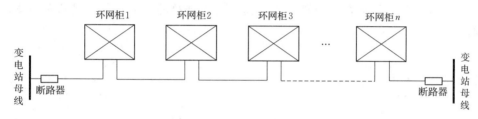

图 2-9　单环式接线模式示意图

（4）中压电缆配电网双环式接线模式。为了进一步提高供电可靠性，保证在一路电源失电时用户能够通过另外电源供电。该模式类似于架空线路的多分段多联络模式，实现一个用户的多路电源供电。双环式接线模式示意图如图 2-10 所示。

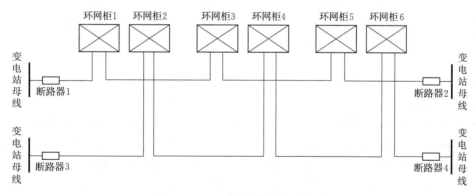

图 2-10　双环式接线模式示意图

（二）国外配电网典型接线模式

近年来，随着智能电网的不断发展，中压配电网逐步向自动化和智能化方向迈进。国外中压配电网也有许多各具特色的接线模式，如日本的多分段多联络模式、新加坡的花瓣式模式、法国的哑铃式接线模式以及美国网孔式接线模式。

（1）日本配电网中压线路主要采用多分段多联络的接线模式，其中压配电网绝大部分为 6.6kV 不接地电网，多采用 3 分段 4 联络、6 分段 3 联络等方式，小部分为 22kV 小电阻接地电网。一般在城市负荷密度较高的核心区域，接线方式有本线、备线模式和环状供电模式以及网状供电模式。日本配电网接线模式与我国某些区域实行的多分段多联络接线模式相仿，不同之处在于，其中压馈线联络数与分段数均远大于我国。因此日本中压配电网接线模式更加复杂，与此同时其转移负荷更加灵活，配电网总体经济效益和供电可靠性也更高。

（2）新加坡配电网多采用闭环网接线模式，在各类供电区域内，变电站每两回 22kV 馈线构成环网，形成花瓣结构，又称为梅花状供电模型。新加坡配电网典型接线模式示意图如图 2-11 所示。与我国接线模式最大不同之处在于，其配电网馈线网络接线实际上是由变电站间单联络和变电站内单联络组合而成，站间联络部分开环运行，站内联络部分闭环运行。中压馈线不通过联络开关连接，而是直接形成电气上的硬连接，即中压馈线直接形成环网，简称闭环网接线模式。该接线模式具有结构清晰明确、规划合理的特点。任一线路发生故障，故障点隔离后，负荷可快速转供恢复供电，供电可靠性高。缺点是系统环网运行的短路电流较高，为保证故障后的转供，线路负荷率较低，线路利用率不高。

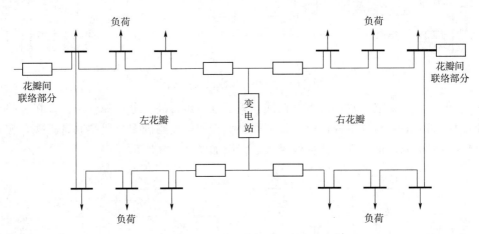

图 2-11　新加坡配电网典型接线模式示意图

（3）法国配电网的典型接线模式为哑铃模式，也可称之为"手拉手"接线，与我国配电网有诸多相似之处，不同在于，法国的"手拉手"接线主要有三种配电网结构，适用不同负荷区域。第一种为变电站的站间双环网，配变双 T 形接入，适用于城市高负荷密度地区。第二种为变电站间单环网，配变开断接入，适用于一般城市地区。第三种为变电站间单环网，配变 T 形接入，适用于非城市地区（城镇、乡村）。法国配电网单环网及双环网接线结构图如图 2-12 所示。

（4）美国的网孔式接线模式，美国中压配电网馈线接线模式多采用 4×6 网络接线，该接线模式由 4 个电源点和 6 条"手拉手"线路组成，任意两电源点之间皆存在联络或具备可转供通道。联络线将供电区域划分为多个网孔，任一网孔的电源均可由多个变电站提供，结构灵活，可靠性高。美国配电网 4×6 网络接线结构图如图 2-13 所示。

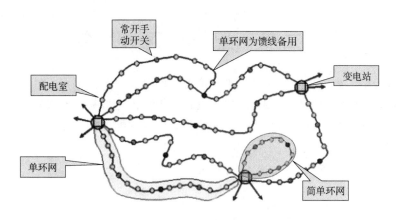

（a）单环网

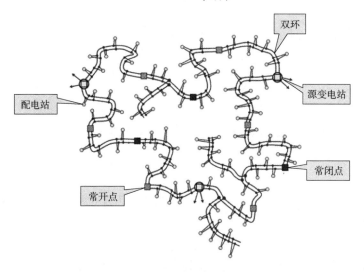

（b）双环网

图 2-12　法国配电网单环网及双环网接线结构图

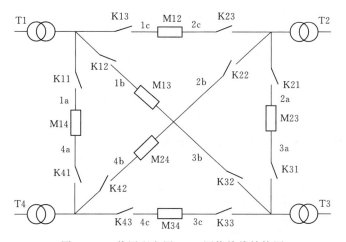

图 2-13　美国配电网 4×6 网络接线结构图

第二节 配 电 网 设 备

随着我国经济的高速发展，用电量不断增加，用电用户对供电可靠性及供电质量提出了更高要求，作为输配电能的载体，配电网设备对提高供电可靠性至关重要。本节将按照电能从上级电源输配至用户的路径，简要介绍各类重要的配电网设备。配电网设备示意图如图 2-14 所示。

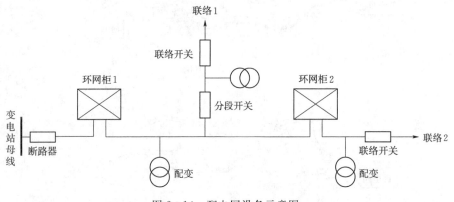

图 2-14 配电网设备示意图

一、配电线路

从变电站到用户配电室或配电变压器之间的线路称为配电线路。配电线路分为架空线路和电缆线路。

（一）配电网架空线路

配电网架空线路主要由杆塔、导线、横担、避雷线、绝缘子、金具、拉线和基础以及柱上开关、接地装置、变压器、故障指示器、避雷器等组成。通过绝缘子及相应金具将导线悬空架设在杆塔上，连接发电厂、变电站及用户，实现配送电能的目的。架空线路多见于城郊地区和农村地区，我国经济较为发达地区的中心城区的架空线路已基本改造为入地电缆，逐步向法国巴黎、英国伦敦等发达城市看齐，日本全国范围配电网架空线路较为普遍，其首都东京主城区的无电线杆率仅为 41%。

1. 杆塔

杆塔是架空输电线路中用来支撑导线的支撑物。导线与导线之间、导线与杆塔之间以及导线对大地和交叉跨越物之间应有足够的安全距离。线路杆塔的种类主要有钢筋混凝土杆、钢管杆、铁塔和木杆等。按照用途可分为直线杆、耐张杆、转角杆、终端杆、分支杆、跨越杆等。

（1）直线杆。用在线路的直线段上，以支撑导线、绝缘子、金具等重量，并能够承受导线的重量和水平风力荷载，但不能承受线路方向的导线张力。导线用线夹和悬式绝缘子串挂在横担下或用针式绝缘子固定在横担上。

（2）耐张杆。主要承受导线或架空线地线的水平张力，同时将线路分隔成若干耐张段

（耐张段长度一般不超过 2km），以便于线路的施工和检修，并可在事故情况下限制倒杆断线的范围。导线用耐张线夹和耐张绝缘子串或用蝶式绝缘子固定在电杆上，电杆两边的导线用引流线连接起来。

（3）转角杆。用在线路方向需要改变的转角处，正常情况下除承受导线等垂直载荷和内角平分线方向的水平风力荷载外，还要承受内角平分线方向导线全部拉力的合力，在事故情况下还要能承受线路方向导线的重量，它有直线型和耐张型两种型式，具体采用哪种型式可根据转角的大小来确定。

（4）终端杆。用在线路首末的两端处，是耐张杆的一种，正常情况下除承受导线的重量和水平风力荷载外，还要承受顺线路方向导线全部拉力的合力。

（5）分支杆。用在分支线路与主配电线路的连接处，在主干线方向上它可以是直线型或耐张型杆，在分支线方向上时则是终端杆。分支杆除承受直线杆塔所承受的载荷外，还要承受分支导线等垂直荷重、水平风力荷重和分支方向导线全部拉力。

（6）跨越杆。用在跨越公路、铁路、河流和其他电力线等大跨越的地方。为保证导线具有必要的悬挂高度，一般要加高电杆。为加强线路安全，保证足够的强度，还需加装拉线。

将杆塔固定在地下部分的装置和杆塔自身埋入土壤中起固定作用部分的整体统称为杆塔的基础。杆塔的基础起着支撑杆塔全部荷载的作用，并保证杆塔在受外力作用时不发生倾倒或变形。杆塔基础包括电杆基础和铁塔基础。钢筋混凝土电杆基础根据土质的不同，可在杆坑加装底盘、卡盘和拉线盘，统称"三盘"。底盘的作用是承受混凝土电杆的垂直下压荷载以防止电杆下沉。卡盘是当电杆所需承担的倾覆力较大时，增加抵抗电杆倾倒的力量。拉线盘依靠自身重量和填土方的总合力来承受拉线的上拔力，以保持杆塔的平衡。

2. 导线

配电网线路的导线包括裸导线和绝缘导线。

（1）裸导线。用以传导电流、输送电能，并通过绝缘子串长期悬挂在杆塔上。常用裸导线包括裸铝导线、裸铜导线、钢芯铝绞线、镀锌钢绞线、铝合金绞线等 5 种。

（2）绝缘导线。架空绝缘配电线路适用于城市人口密集地区，线路走廊狭窄地区，架设裸导线线路与建筑物的间距不能满足安全要求的地区，以及风景绿化区、林带区和污秽严重地区等。

常见架空线型号及载流量见表 2-2。

表 2-2　　　　　　　　　常见架空线型号及载流量表

标称截面 /mm²	型号									
	TJ 系列		LJ、HLJ、HL₂J 系列		LGJ、HL₂GJ 系列		LGJQ 系列		LGJJ 系列	
	计算外径 /mm	安全电流 /A	计算外径 /mm	安全电流 /A	计算外径 /mm	安全电流 /A	计算外径 /mm	安全电流 /A	计算外径 /mm	安全电流 /A
10	4	—	4	—	4.4	—	—	—	—	—
16	5.04	1.3	5.1	105	5.4	105	—	—	—	—
25	6.33	180	6.4	135	6.6	135	—	—	—	—
35	7.47	220	7.5	170	8.4	170	—	—	—	—

标称截面 /mm²	型号									
	TJ 系列		LJ、HLJ、HL₂J 系列		LGJ、HL₂GJ 系列		LGJQ 系列		LGJJ 系列	
	计算外径 /mm	安全电流 /A	计算外径 /mm	安全电流 /A	计算外径 /mm	安全电流 /A	计算外径 /mm	安全电流 /A	计算外径 /mm	安全电流 /A
50	8.91	270	9	215	9.6	220	—	—	—	—
70	10.7	340	10.7	265	11.4	275	—	—	—	—
95	12.45	415	12.4	325	13.7	335	—	—	—	—
120	14	485	14	375	15.2	380	—	—	15.5	
150	15.75	570	15.8	440	17	445	16.6		17.5	464
185	17.43	645	17.5	500	19	515	18.4	510	19.6	543
240	19.88	770	20	610	21.6	610	21.6	610	22.4	629
300	22.19	890	22.4	680	24.2	770	23.5	710	25.2	710
400	25.62	1085	25.8	830	28	800	27.2	845	29	865
500	—	—	29.1	980	—	—	30.2	966	—	—
600	—	—	32	1100	—	—	33.1	1090	—	—
700	—	—	—	—	—	—	37.1	1250	—	—

注 摘自《电力工程》，陆敏政主编，中国电力出版社，2008 年。

3. 横担

横担用于支持绝缘子、导线及柱上配电设备，保证导线间有足够的安全距离。横担要有一定的强度和长度。按材质的不同可分为铁横担、木横担、陶瓷横担、绝缘横担四种。

4. 常用金具、绝缘子

在架空输电线路中，用于连接紧固导线的金属器具，具备导电、承载、固定的金属构件，统称为金具。金具按其性能和用途可分为悬吊金具（悬垂线夹）、耐张金具（耐张线夹）、接触金具（设备线夹）、连接金具、接续金具、拉线金具和防护金具等。

架空电力线路的导线，是利用绝缘子和金具连接固定在杆塔上的。用于导线与杆塔绝缘的绝缘子，在运行中不但要承受工作电压的作用，还要受到过电压的作用，同时还要承受机械力的作用及气温变化和周围环境的影响，所以绝缘子必须有良好的绝缘性能和一定的机械强度。

（二）配电网电缆线路

配电网电缆线路是城市配电网的重要组成部分，主要应用于：①明确要求采用电缆线路且具备相应条件的地区，如负荷密度高的城市中心区域建筑面积较大的居民住宅区及高层建筑区；②配电走廊狭窄，架空线路难以通过的供电需求地区；③沿海地区易受热带风暴侵袭的主要城市重要供电区域；④电网结构或运行安全的特殊需要区域。电缆线路常见的故障有外力损伤、绝缘损伤、绝缘受潮、绝缘老化变质、过电压、电缆过热故障等，其中外力损伤占比最大。根据多年的实际运行经验，电缆线路故障率远低于架空线路，可靠性更高。

1. 电缆的基本结构和种类

电缆是指外包绝缘的绞合导线，有的还包金属外皮并加以接地。电缆的基本结构一般由导体、绝缘层、护层三部分组成，6kV 及以上电缆导体外和绝缘层外还增加了屏蔽层。

按电压等级，电缆可分为低压（额定电压小于 1kV）电缆和中压（额定电压为 6～35kV）电缆。按安装电线分类，电缆可分为单芯电缆和多芯电缆。按绝缘材料不同，电缆可分为油浸纸绝缘电缆、塑料绝缘电缆和橡皮绝缘电缆。

2. 电缆的型号

为了便于按电缆的特点和用途进行统一标记以及防止出现差错，电缆的不同型号表示不同门类的产品，以达到系列化、规范化、标准化、统一化。常见电缆的型号、用途及特点见表 2-3。

表 2-3   常见电缆的型号、用途及特点

产品名称	型号	工作温度/℃	用途和特点
轻型通用橡套电缆	YQ	65	连接交流电压 250V 及以下轻型移动电气设备和日用电器
户外型通用橡套电缆	YQW		连接交流电压 250V 及以下轻型移动电气设备和日用电器，具有耐气候性和一定的耐油性
中型通用橡套电缆	YZ		连接交流电压 500V 及以下各种移动电器设备（包括各种农用电动装置）
户外型中型通用橡套电缆	YZW		连接交流电压 500V 及以下各种移动电器设备（包括各种农用电动装置），具有耐气候性和一定的耐油性
重型通用橡套电缆	YC		连接交流电压 500V 及以下各种移动电器设备（包括各种农用电动装置），并能承受较大的机械外力作用，如港口机械可选用
户外型通用橡套电缆	YCW		连接交流电压 500V 及以下各种移动电器设备（包括各种农用电动装置），并能承受较大的机械外力作用，如港口机械可选用，具有耐气候性和一定的耐油性
电焊机用天然丁苯橡胶套软电缆	YH	65	用作电焊机二次侧接线及连接电焊钳的软电缆，额定工作电压 220V
电焊机用氯丁胶橡套软电缆	YHF		
无线电装置用橡皮绝缘橡套电缆	SBH	65	供移动式无线电装置用，环境温度为 −45～＋50℃，湿度不超过 95%
无线电装置用橡皮绝缘屏蔽电缆	SBHP		SBHP 具有屏蔽作用
摄影光源软电缆	GER-500	90	摄影灯源用，使用环境温度为 −40～＋50℃
防水橡套电缆	JHS	65	潜水泵电源连接线
潜水泵用扁电缆	YQSB	65	潜水泵电源连接线，电缆为扁型。YQSB 用于井下，YQSFB 用于井口和井下
	YQSFB		

3. 电缆的载流量

在一个确定的使用条件下，当电缆流过的电流在电缆各部分所产生的热量能够及时向周围散发，使绝缘层温度不超过长期最高允许工作温度，此时电缆导体上流过的电流称为

电缆载流量。配电网常见的电缆长期允许载流量见表2-4。实际运行中应考虑电缆的敷设情况、同沟电缆数目等条件，对电缆的运行控制电流进行修正。

表2-4　　　　　　　　　　　配电网常见的电缆长期允许载流量

导线面积 /mm²	空气中敷设长期允许载流量/A				直埋敷设长期允许载流量/A （土壤热阻系数100℃·cm/W）			
	10kV 三芯电缆		35kV 单芯电缆		10kV 三芯电缆		35kV 单芯电缆	
	铜芯	铝芯	铜芯	铝芯	铜芯	铝芯	铜芯	铝芯
16	121	94			118	92		
25	158	123			151	117		
35	190	147			180	140		
50	231	180	260	206	217	169	213	166
70	280	218	317	247	260	202	256	202
95	335	261	377	295	307	240	301	240
120	388	303	433	339	348	272	342	269
150	445	347	492	386	394	308	385	303
185	504	394	557	437	441	344	429	339
240	587	461	650	512	504	396	495	390
300	671	527	740	586	567	481	550	439
400	790	623			654	518		
500	893	710			730	580		

注　摘自《电力工程》，陆敏政主编，中国电力出版社，2008年。

4. 电缆的敷设方式

（1）直埋敷设。在综合考虑是否有外力冲击和施工性价比情况下，8根以下电缆可以采用直接敷设的方式直埋于地下，称为直埋敷设。视外力冲击强度选用铠装直埋或加装保护套管直埋。视电缆多少设置电缆井，便于更换增添电缆，任何时候严禁贴地面敷设电缆，一旦发生电缆接地，可采用巡线电缆测试仪查找故障点。其优点是：电缆敷设后本体与空气不接触，防火性能好，有利于电缆散热，此敷设方式易实施，投资少。缺点是抗外力破坏能力差，敷设后电缆更换难度较大。

（2）排管敷设。排管敷设又称为穿管敷设。主要应用于线路较多，路由比较集中的区域，8～12根电缆建议采用排管敷设。在无车辆通行区域埋深不低于0.5m，管材一般有铸铁、聚乙烯、尼龙管和碳素管等，宜一管一缆。相比于直埋敷设更便于后期维护和增加线路。其优点是受外力破坏影响少，占地小，能承受较大的荷重，电缆敷设无相互影响，电缆施工简单。缺点是土建成本高，不能直接转弯，散热条件差。

（3）电缆沟道敷设。根据工程条件与环境特点以及满足运行可靠、便于维护和技术经济合理的要求，一般12～18根电缆建议采用电缆沟道敷设，18根以上建议采用电缆隧道。考虑散热和后期维护，电缆沟内需要设置支架，不同电压等级电缆分层敷设。其优点是检修更换电缆较方便，易转弯，可根据地坪高程变化调整电缆敷设高程。缺点是施工检查及更换电缆时须搬运大量盖板，施工时外物不慎落入沟道时易将电缆碰伤。

二、配电网开关类设备

1. 开关站

10kV 开关站是城市配电网的重要组成部分，主要作用是加强配电网的联络控制，提高配电网供电的灵活性和可靠性，是电缆线路的联络和支线节点，同时还具备变电站 10kV 母线的延伸作用。开关站如图 2-15 所示。

图 2-15 开关站示意图

2. 环网柜

环网柜是为实现双回路或多回路供电将供电网连接成环形，以提高供电的可靠性，主要安装在户外 10kV 电缆线路上。按使用场所可分为户内和户外环网柜。一般户内环网柜采用间隔式，称为环网柜。户外环网柜采用组合式，称为箱式开闭所或户外环网柜单元。环网柜开关可分为 SF_6 负荷开关、真空负荷开关、真空断路器。

（1）SF_6 负荷开关。SF_6 负荷开关具有优良的灭弧性能，分闸时其电弧和气体之间产生相对运动熄灭电弧。SF_6 负荷开关只能开断小于自身额定电流的负荷电流。其具有以下优点：

1）使用寿命长。

2）开关触头免维护。

3）操作过电压低。

4）操作简单安全。

（2）真空负荷开关。真空负荷开关动静触头带电分离时，真空介质对动静触头间产生的电弧在电流过零时熄灭。真空负荷开关只能断开小于自身额定电流的负荷电流。其具有以下优点：

1）使用寿命长。

2）开关触头免维护。

3）操作过电压低。

4）操作安全。

（3）真空断路器。真空断路器灭弧室的静态压力极低，只需要相当小的触头间隙就可达到很高的电介质强度，在分闸过程中电流在触头间产生的电弧，在电流第一次自然过零时熄灭。断路器除能断开正常的负荷电流外，还能断开短路故障电流。其具有以下优点：

1）体积小。

2）重量轻。

3）适用于频繁操作。

4）灭弧不用检修。

环网柜及控制终端如图 2-16 所示。

(a) 环网柜　　　　　　　　　　　　　　(b) 控制终端

图 2-16　环网柜及控制终端

3. 分支箱

随着配电网电缆化进程的发展，当容量不大的独立负荷分布较集中时，可使用电缆分支箱进行电缆多分支的连接。分支箱不能直接对每路进行操作，仅作为电缆分支使用，主要作用就是将电缆分接或转接。

4. 柱上配电开关

柱上配电开关安装在户外 10kV 架空线路上，用于分断、闭合、承载线路负荷电流及故障电流的机械开关设备，与配电终端配套可实现相应自动化功能。柱上配电开关及电压互感器如图 2-17 所示。

(a) 柱上配电开关　　　　　　　　　　　(b) 电压互感器

图 2-17　柱上配电开关及电压互感器

5. 跌落式熔断器

10kV跌落式熔断器可装在杆上变压器高压侧、互感器和电容器与线路连接处，提供过载和短路保护。

正常时，靠熔丝的张力使熔管上动触头与上静触头可靠接触，当故障时，过电流使熔丝熔断，断口在熔管内产生电弧，熔管内衬的消弧管产气材料在电弧作用下产生高压力喷射气体，吹灭电弧。随后，弹簧支架迅速将熔丝从熔管内弹出，同时熔管在上、下弹性触头的推力和熔管自身重量的作用下迅速跌落，形成明显的隔离空间。在熔管的上端还有一个释放压力帽，放置有一个熔点熔片。当开断大电流时，上端帽的薄熔片融化形成双端排气。当开断小电流时，上端帽的薄熔片不动作，形成单端排气。跌落式熔断器如图2-18所示。

图2-18　跌落式熔断器

6. 电流互感器

电流互感器在电力线路中用于对交流电流进行交换，以满足对大电流的测量，起着一次系统与二次系统之间的桥梁作用。

电流互感器种类很多，按电压等级分为低压和高压电流互感器；按一次绕组的匝数可分为单匝式和多匝式电流互感器；按外形可分为羊角式和穿心式电流互感器；按安装方法可分为支持式和穿墙式电流互感器；按绝缘方式可分为油浸式、干式和瓷绝缘式电流互感器；按安装地点可分为户内式和户外式电流互感器；按铁芯数量多少可分为单铁芯式和多铁芯式电流互感器。电流互感器如图2-19所示。

7. 电压互感器

电压互感器在电力线路中用于对交流电压进行交换，以测量高电压，起着一次系统与二次系统之间的桥梁作用。

电压互感器种类很多，按电压等级分为低压和高压电压互感器；按一次绕组的匝数可分为单匝式和多匝式电压互感器；按外形可分为羊角式和穿心式电压互感器；按安装方法可分为支持式和穿墙式电压互感器；按绝缘方式可分为油浸式、干式和瓷绝缘式电压互感器；按安装地点可分为户内式和户外式电压互感器；按铁芯数量多少可分为单铁芯式和多铁芯式电压互感器。电压互感器如图 2-20 所示。

图 2-19 电流互感器

图 2-20 电压互感器

8. 微机保护

微机保护是指用微型计算机构成的继电保护，是电力系统继电保护的发展方向，具有高可靠性、高选择性、高灵敏度等特点。微机保护装置硬件以微处理器（单片机）为核心，配以输入、输出通道，人机接口和通信接口等，微机的硬件是通用的，而保护的功能和性能由软件决定。微机保护装置如图 2-21 所示。

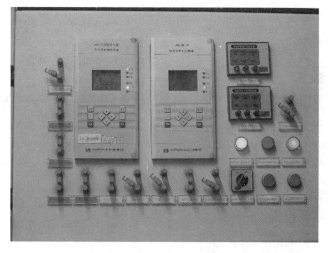

图 2-21 微机保护装置

三、配电变压器

配电变压器是用于配电系统中将中压配电电压的功率转换成低压配电电压功率，供各种低压电气设备用电的电力变压器。容量一般在 2500kVA 及以下。按冷却方式分为：①干式变压器，依靠空气对流进行冷却，一般用于局部照明、电子线路等小容量变压器；②油浸式变压器，依靠油做冷却介质，如油浸自冷、油浸风冷、油浸水冷、强迫油循环等，主要在露天和半露天配电所使用，用于箱式变压器、工厂车间变电所等。油浸式变压器如图 2-22 所示。

图 2-22 油浸式变压器

图 2-23　国内沿海地区的箱式变压器

箱式变压器，又称为箱式变压站、预装式变电所或预装式变电站，简称箱变。箱式变压器作为整套配电设备，由变压器、高压电压控制设备、低压电压控制设备组合而成。它是通过压力启动系统、铠装线、变电站全自动系统、直流点和相应的技术设备，按照规定顺序进行合理的装配，并将所有的组件安装到特定的具有防水、防尘与防小动物等功能的完全密封的钢化箱体结构中，从而形成的一种特定变压器。因箱式变压器占地空间较小，操作便捷，组合灵活，运行安全可靠，同时兼具外形美观、与环境协调等特点，而被广泛应用，成为电力工程施工中不可或缺的重要电力设备。

国内沿海地区的箱式变压器如图2-23所示。

四、配电室

配电室主要为低压用户配送电能，设有中压进线（可有少量出线）、配电变压器和低压配电装置，是带有低压负荷的户内配电场所。配电室如图 2-24 所示。

图 2-24　配电室

第三节　配电网用电用户

在广大电力用户对用电的依赖性越来越强，对供电可靠性要求越来越高的新形势下，加强对用户的公共用电安全管理势在必行。当前市场上各行各业的竞争日趋激烈，为了提升电力行业自身的市场竞争实力，电力企业需要以客户为中心不断优化电力服务，为用户提供安全可靠的电力供应，以取得用户的信任并促进自身的发展。本节主要介绍配电网用户的分类以及相关管理规范。

一、配电网用户的分类

根据供电可靠性的要求以及中断供电的危害程度，可分为特级、一级、二级重要电力用户和临时性重要电力用户。

（1）特级重要电力用户，是指在管理国家事务中具有特别重要作用，中断供电将可能危害国家安全的电力用户。

（2）一级重要电力用户，是指中断供电将可能产生下列后果之一的电力用户：

1）直接引发人身伤亡。

2）造成严重环境污染。

3）发生中毒、爆炸或火灾。

4）造成重大政治影响和重大经济损失。

（3）二级重要电力用户，是指中断供电将可能产生下列后果之一的电力用户：

1）造成较大环境污染。

2）造成较大政治影响和较大经济损失。

（4）临时性重要电力用户，是指需要临时特殊供电保障的电力用户。

重要电力用户应包括：矿山、冶金、石油、化工（含危险化学品）、党政机关、国防、信息安全、交通运输、水利枢纽、公共事业及其他重要用户等。公共事业主要是市政（水、电、气）公用事业。其他重要用户主要包括：医院、血库、疾病控制中心、大型超市卖场或购物中心、市县文化活动中心、重要宾馆（涉外）、重点高校等。

二、配电网用户管理规范

（1）在并网供电前，用户应依据国家相关法律法规，本着平等自愿、诚实信用的原则，与县（配）调签订并网调度协议。

（2）纳入县（配）调调度管辖、调度许可的用户设备，均应接受县（配）调的统一调度管理。

（3）用户应接受县（配）调的调度管理，严格遵守调控规程，设置必要的通信、自动化等设备。

（4）配备具有停送电联系人资质的值班人员，落实运行值班制度，确保电网安全运行和对用户的正常供电。

（5）双（多）电源用户的各路电源进线不得在用户内部合环运行，用户的电源进线、出线、母联开关（或刀闸）应安装电气或机械闭锁装置。

（6）双（多）电源用户失压停电时，应在确认非自身设备故障引起的前提下，方可按照先拉开失压进线开关，再合备用进线开关的顺序（刀闸进线的，还应先隔离负荷）自行恢复供电，并及时告知属地用检人员或具有停送电联系人资质的人员，由用检人员或具有停送电联系人资质的人员汇报县（配）调值班调控员。

（7）纳入县（配）调调度管辖、调度许可的用户设备停电维护、检修、调试等工作时，需按相关规定，向县（配）调办理《配电网设备检修申请书》。严禁用户未办理检修申请书，利用计划停电、事故停电、拉闸限电等机会，擅自进行设备消缺、检修、调试等工作。

（8）纳入县（配）调调度管辖、调度许可的用户设备的停送电操作，也应严格按县（配）调值班调控员的调度指令执行。

（9）用户严禁私自操作县（配）调调度管辖、许可的设备。

（10）在危及人身和设备安全的情况下，用户可按现场规程先行处置，但应及时汇报县（配）调值班调控员。

三、供电设施的运行维护管理范围

供电设施的运行维护管理范围按产权归属确定，责任分界点按下列各项确定：

（1）公用低压供电的，以供电接户线用户端最后支持物为分界点，该分界点后段属用户产权，支持物属供电企业。

（2）10kV及以下公用高压线路供电的，以用户厂界外或配电室前的第一断路器（刀闸、跌落保险）或第一支持物为分界点。该分界点后段属用户产权，第一断路器（刀闸、跌落保险）或第一支持物属供电企业。

（3）采用电缆供电的，本着便于维护管理的原则，分界点由供电企业与用户协商确定，并在《供用电合同》中体现。

（4）产权属用户的线路，以公用线路分支杆或专用线路接引的供电企业变电站外第一基电杆为分界点，专用线路第一基电杆及后段属用户产权。

（5）电动汽车是低压供电，分界点为计量点，该分界点后段属用户产权。

（6）分布式电源分界点为公共连接点处，该连接点后段属用户产权。

四、配电网用户事故处理规定

（1）用户专线事故跳闸后，用户停送电联系人在接到县（配）调通知后应及时组织专业单位对停电线路进行事故带电巡线，包括高配设备的检查。

（2）配网用户供电出现异常或故障，应由停送电联系人及时与县（配）调值班调控人员联系。若涉及电源切换操作，不得将其他电源倒送入异常或故障的电源线路。

（3）客户设备的故障处置，必须由停送电联系人与配调值班调控人员联系取得同意，并做好安全措施后方可开始工作。故障处理结束后，停送电联系人须与县（配）调值班调控员履行完工手续，电缆线路需提供试验合格报告方可送电。

（4）用户设备故障处理时间超过24h的，应办理用户停电检修申请书。

（5）产权不明确线路或设备的故障，由供电公司运维人员进行隔离后，先行恢复非故障区域的供电。故障处理完毕后，由属地供电公司用检或停送电联系人，汇报县（配）调值班调控员并履行送电手续方能恢复送电。

第三章　配电网运行基本知识

配网调控员作为电网安全的守卫者，对电网的安全优质经济运行起着至关重要的作用，而停送电联系人作为现场安全的守卫者，协助配电网调控员了解现场情况，停送电联系人有必要掌握配电网调控运行相关基础知识。本章从配电网调控管理、配电网倒闸操作管理两个方面对停送电联系人相关的配电网调控运行知识进行了深入的讲解，帮助停送电联系人了解配电网调控的相关制度要求。由于用户对供电可靠性和优质服务的要求越来越高，本章还对配电网合环操作和带电作业管理等内容进行介绍。

第一节　配电网调控管理

本节主要介绍配电网调度控制的相关制度、运行方式以及配电网常用继电保护等内容，供停送电联系人了解调控机构的运作情况，以提高联系效率。

一、调度管理

1. 一般原则

调控机构是电网运行的组织、指挥、指导和协调机构，依据《电网调度管理条例》，调控机构分为五级：国家级（国调），跨省、自治区、直辖市级（分中心），省、自治区、直辖市级（省调），省辖市级（地调），县级〔县（配）调〕。依据《国家电网公司关于全面推进供电服务指挥中心（配网调控中心）建设工作的通知》（国家电网办〔2018〕493号），供电服务指挥中心（配网调控中心）与县调同质化管理，地调与供电服务指挥中心（配网调控中心）是上下级调度关系，供电服务指挥中心（配网调控中心）接受地调调度和专业管理。为统一描述，供电服务指挥中心（配网调控中心）和县调在本书中统称为县（配）调。本书中值班调控员是指承担配网调度、监控运行业务的值班运行人员，包括县（配）调值班调控员、监控范围内有配网设备的地调值班监控员。县（配）调调度管辖范围内的发电、供电、用电等运行值班单位，应服从县（配）调的调度。未经值班调控员许可，任何单位和个人不得擅自改变其调度管辖设备状态。对危及人身和设备安全的情况按厂站现场规程处理，但在改变设备状态后应立即向值班调控员汇报。

县（配）调主要负责所管辖配网的安全经济调度、运行监视和控制、故障应急处置、分布式电源、储能设备、微网接入等管理，积极推进智能化电网建设和运营进程，是本地区配网安全、经济运行的指挥和控制中心。除正常调度业务流程之外，县（配）调主要承担的业务包括所辖配网的运行监视和控制、倒闸操作、事故处理、设备停电管理。

2. 调度业务联系

值班调控员在其值班期间是电力系统运行操作和故障处置的指挥员，按照相关法律规定发布调度指令，并对其下达调度指令的正确性负责。运维人员接受值班调控员的调度指挥，接受调度指令并对其执行的正确性负责。运维人员值班期间不得无故不执行、不完全执行或延迟执行调度指令。值班调控员发布和运维人员执行调度指令受法律保护，任何单位和个人不得干预。

（1）进行调度业务联系时，必须准确、简明、严肃，正确使用调控规范用语，互报单位、姓名，严格执行下令、复诵、监护、录音、记录、汇报等制度。受令人在接受调度指令时，应主动复诵调度指令并与发令人核对无误后方可执行。指令执行完毕后，应立即向发令人汇报执行情况和完成时间。接受汇报的发令人应复诵汇报内容，以执行完成时间确认指令已执行完毕。值班调控员发布调度指令、接受汇报均应进行监护，并做好记录和录音。

（2）运维人员接受值班调控员发布的调度指令后，若认为调度指令不正确，应立即向发令人提出意见，如发令人确认继续执行该调度指令，应按调度指令执行。如确认执行该调度指令将危及人员、设备或电网的安全时，受令人可以拒绝执行，同时将拒绝执行的理由及修改建议上报发令人，并向本单位领导汇报。运维人员接到与上级值班调度员发布的调度指令相矛盾的其他指令时，应立即汇报上级值班调度员。如上级值班调度员重申其调度指令，运维人员应立即执行。若运维人员不执行或延迟执行调度指令，则未执行调度指令的运维人员以及不允许执行或允许不执行调度指令的领导人均应负责。

（3）对于不按调度指令执行的用电者，值班调控员应予以警告，经警告拒不改正的，值班调控员可以根据电力系统安全的需要，下令暂时部分或全部停止向其供电。对于不按调度指令执行的发电者，值班调控员应予以警告，直至下令暂时停止其部分或全部机组并网运行。不满足并网条件的发电企业或地方电网，调控机构可拒绝其并网运行，擅自并网的，可下令其解列。

（4）在特殊情况下，为保证电能质量和电力系统安全稳定运行，值班调控员有权下令限电。接受限电指令的运维人员应迅速按指令进行限电，并如实汇报限电执行情况。对不执行指令或达不到要求限电数量者按违反调度纪律处理。当发生不执行调度指令、违反调度纪律的行为时，县（配）调应立即组织调查，调查结果应提交相关部门，并依据相关法律法规和规定处理。

二、监控管理

县（配）调应贯彻执行国家、电力行业和上级颁发的各项规程、规定等，结合地区配电网实际情况，制定相应的设备监控专业管理要求和实施细则。监控运行主要包括运行监视、监控信息处置、缺陷处置。

1. 运行监视

县（配）调负责运行监视范围如下：

（1）变电站、柱上开关、环网柜、线路等设备运行工况，监视设备事故、异常、越限及变位类信息。

（2）输变电设备状态在线监测系统告警信号。

（3）变电站消防、安防系统告警总信号。

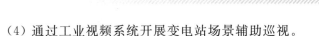
（4）通过工业视频系统开展变电站场景辅助巡视。

运行监视又称集中监视，设备集中监视分为全面监视、正常监视和特殊监视。全面监视是指值班调控员对所有监视范围内设备进行全面巡视检查，每值至少 1 次。正常监视是指值班调控员对设备告警信息及输变电设备状态在线监测告警信息灯进行不间断监视。特殊监视是指在某些特殊情况下，值班调控员对设备采取的加强监视措施，如增加监视频度、定期查阅相关数据和对相关设备进行固定画面监视等，并做好事故预案及各项应急准备工作。遇有下列情况，应对变电站相关区域或设备开展特殊监视：①设备有严重或危急缺陷；②新设备试运行期间；③设备重载或接近稳定限额运行时；④遇特殊恶劣天气时；⑤重点保电时期及有重要保电任务时；⑥电网处于特殊运行方式时；⑦其他有特殊监视要求时。

2. 监控信息处置

监控信息处置以"分类处置、闭环管理"为原则，分为信息收集、实时处置、分析处理三个阶段：

（1）信息收集。值班监控员发现告警信息后，应迅速确认，根据情况对以下相关信息进行收集，必要时应通知运维单位协助收集：①告警发生时间及相关实时数据；②保护及安全自动装置动作信息；③开关变位信息；④关键断面潮流、频率、母线电压的变化等信息；⑤监控画面推图信息；⑥现场影音资料（必要时）。

（2）实时处置。

1）值班监控员收集到事故或异常信息后应初步分析评估其危急程度及影响范围，按规定汇报值班调度员，通知运维单位检查处理。运维单位应及时组织现场检查，并向值班监控员汇报现场检查结果及相关处理措施，如异常处理涉及电网方式改变，运维单位应直接向值班调控员汇报，同时告知值班监控员。处置过程中，值班监控员应对相关设备运行工况加强监视，跟踪处理情况。处置结束后，值班监控员应与运维人员核对设备运行状态，并做好相关记录。

2）值班监控员收集到输、变电设备越限信息后，应汇报值班调控员，并根据情况通知变电设备运维单位检查处理。对于变电站母线电压越限信息，值班监控员应按照电压曲线及控制要求采取措施调压，如无法将电压调整至合格范围内，应及时汇报值班调控员。

3）值班监控员收集到变位信息后，应确认设备变位是否正常。如变位信息异常，应根据情况参照事故或异常信息进行处置。

（3）分析处理。值班监控员无法完成闭环处置的监控信息时，应及时报告设备监控管理专业人员，由设备监控管理专业人员协调运检部门和变电设备运维单位进行处理，并跟踪处理情况。

3. 缺陷处置

（1）集中监控缺陷按紧急程度分为危急缺陷、严重缺陷、一般缺陷 3 类。

1）危急缺陷在 4 小时内处置，最长不超过 24 小时，其中直接影响电网、系统和设备安全的缺陷要求立即处置。

2）严重缺陷在 1 周内处置，最长不超过 1 个月。

3）一般缺陷在 3 个月内消除，需要停电处理的在下次计划检修完工前消除，最长不超过 1 个检修周期。

设备运维单位应按缺陷管理要求在规定时间内消除监控缺陷;无法在规定时间内消除的,应说明原因并向县(配)调提交消缺计划,明确消缺时间,并书面存档。

(2)缺陷管理分为缺陷发起、缺陷处理和消缺验收 3 个阶段。

1)缺陷发起:值班监控员对告警信息进行初步判断,认定为缺陷后启动缺陷管理程序,报告监控值班长,经确认后通知相应设备运维单位处理。当缺陷可能会导致设备退出运行或电网运行方式改变时,值班监控员应立即汇报值班调度员。

2)缺陷处理:值班监控员收到变电设备运维单位核准的缺陷定性后,应及时更新缺陷管理记录,对变电设备运维单位提出的消缺工作需求予以配合。

3)消缺验收:值班监控员接到消缺单位缺陷消除的报告后,应与变电设备运维单位核对监控信息,确认相关异常情况恢复正常,完成缺陷管理记录。

三、配电网运行方式

配电网的接线越来越复杂,规模越来越庞大,实现配电网的优化调度,对运行方式进行合理的调整,保障供电的连续性、可靠性、合格的电能质量和运行的经济性,是调度员的一项重要日常工作。配电网运行方式包括正常运行方式和特殊运行方式。正常运行方式包括 10kV 线路正常运行方式、变电站 10kV 母线正常运行方式、10kV 开关站正常运行方式。特殊运行方式包括部分转供、全部转供和"线带线"方式。

1. 10kV 线路运行方式

(1)严禁 10kV 配网线路与 110kV、220kV 电网形成电磁环网运行。

(2)互联互供线路在联络开关处断开,原则上应由调控部门根据线路负荷情况和配电网一次结构,与运检部门和营销部门共同确定主干线和固定联络开关点。

(3)双电源供电用户,其供电方式按供用电合同要求执行。一般采取一回主供,一回备用方式运行。

(4)接入配电自动化系统的线路,应满足自动化调试完毕、测试合格且一次和二次设备无缺陷的条件,可投入在线自动方式,其他线路宜投入在线交互方式。

2. 变电站 10kV 母线运行方式

变电站 10kV 母线正常运行方式为分段运行,其分段开关热备用,10kV 备用电源自投装置投入(单台变运行的变电站除外)。部分变电站由于 10kV 负荷不平衡,10kV 母线并列运行。部分变电站 10kV 负荷随季节变化波动较大,其运行方式可根据需要进行调整。

3. 10kV 开关站运行方式

10kV 开关站有单电源和双电源供电两种。双电源供电且母线分段的开关站,若一回电源为专线,另一回为公用线路,采用专线对开关站主供,公用线路备用,投入 10kV 备用电源自投装置。若两回均为专线或公用线路,采用分段运行方式。双电源供电但母线不分段的开关站,若一回电源为专线,另一回为公用线路,采用专线对开关站主供,公用线路备用。若两回均为专线或公用线路,采用一主一备的方式供电。

4. 特殊运行方式

(1)配电网特殊运行方式是在系统过负荷、主设备检修或故障的情况下采取的运行方式。配电网特殊运行方式的采取应遵循以下原则：

1）电压、潮流不受影响。

2）设备不过载。

3）继电保护满足要求。

4）安全自动装置不受影响。

5）满足消弧线圈的补偿要求。

（2）配电网线路主要有以下几种特殊运行方式。

1）部分转供。线路部分停电，其余部分通过联络开关或联络环网柜由另一条线路转供。配电网部分转供运行方式如图 3-1 所示。

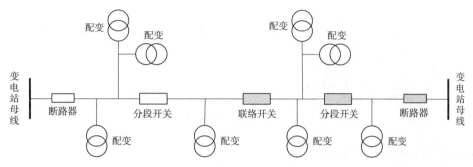

图 3-1　配电网部分转供运行方式

2）全部转供。变电站 10kV 出线开关停电，线路通过联络开关或联络环网柜由另一条线路转供。配电网全部转供运行方式如图 3-2 所示。

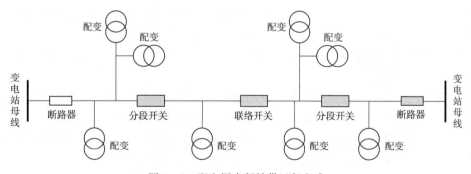

图 3-2　配电网全部转供运行方式

全部转供或部分转供均应考虑对侧线路负荷情况，避免重载过载。转供的方式可分为停电转和合环转，为保证用户的可靠性，能合环转电的尽量合环转。

3）"线带线"方式。在特殊情况下，可能多级串供及利用旁路母线的，采取"线带线（上 10kV 母线）"转移负荷等运行接线方式。"线带线"方式是在全部转供基础上，上变电站 10kV 母线，综合考虑负荷情况，带母线上部分出线。该方式应注意 10kV 线路保护的相应调整。配电网"线带线"运行方式如图 3-3 所示。

这些方式的采用会导致供电可靠性下降，使运行方式复杂化，不利于事故处理，因此这些运行接线方式应谨慎使用。

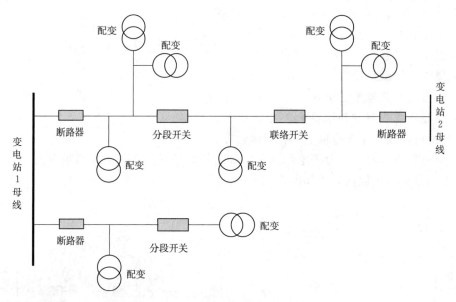

图 3-3 配电网"线带线"运行方式

四、配电网常用继电保护

1. 基本要求

当电力系统发生故障时，要求自动迅速、有选择地将故障设备从电力系统中切除，保证系统其余部分迅速恢复正常运行，防止故障的进一步扩大。当发生不正常工作情况时，要求能自动及时地选择信号上传给运行人员处置，或者切除那些继续运行会引起故障的电气设备。

继电保护装置还具备选择准确（选择性）、反应速度快（速动性）、灵敏性强（灵敏性）、可靠性高的优点。

（1）选择性。保护装置动作时能够准确地选择故障元件，仅将故障元件从电力系统中切除，使停电范围尽可能缩小，以保证系统中无故障部分继续运行。

（2）速动性。能够尽快将故障设备从系统中切除，提高系统稳定性，减轻故障设备和线路的损坏程度，缩小故障波及范围。

在某些情况下，速动性与选择性要求有矛盾时，应首先满足选择性的要求。但是如果不快速切除故障会产生很大的破坏时，则应选择速动性好而选择性较差的保护。

对于只反映电力系统不正常运行状态的保护装置，一般无须要求迅速动作。因此，可设定一定时限而不立即断开电路，或仅发出信号引起运行人员注意。

（3）灵敏性。保护范围内发生故障或不正常运行时具备灵敏的反应能力。

（4）可靠性。保护范围内发生故障，保护装置能够可靠动作，在任何不应动作的情况下，保护装置不应误动。

为了保证保护装置动作的可靠性，要求保护装置的设计、整定计算、安装调试均应正确无误，组成保护装置的各元件质量可靠，继电保护装置接线力求简化有效，运行维护良好。

2. 用户常用继电保护

用户的高压线路一般为中性点不直接接地系统，当系统发生单相接地时，流过接地点的电容电流不大，其值比负荷电流小得多时，一般仍允许电气设备短时运行，此时间内，运行人员须及时查找出故障线路，并采取相应措施予以处置。

除了发生单相接地外，还会发生两相短路或三相短路事故，发生的主要原因是内部过电压、直接雷击、绝缘材料老化、机械损伤等。电缆故障的主要原因是受外力损伤（如因挖掘、打桩、载重汽车碾压而损坏等）。

为防止事故扩大，尽快将短路故障切除，电力用户线路常配置瞬时电流速断保护、限时电流速断保护和定时限过电流保护，部分电缆线路还配用单相接地保护。

发生短路的最主要特征就是线路中的电流瞬间大大增加，过电流保护装置就是根据这一特征构成的。

（1）瞬时电流速断保护（简称电流速断保护或电流Ⅰ段）。电流速断保护不带动作时限，当短路发生时，立即动作切断故障，故其没有时限特性。

瞬时电流速断保护的保护范围小于被保护线路的全长，一般设定为被保护线路全长的80%。

（2）限时电流速断保护（电流Ⅱ段）。为了使速断保护动作具有选择性，一般电力系统中速断保护其实都带有一定的时限，这就是限时速断，离负荷越近的开关保护时限设置得越短，末端的开关时限可以设置为零，这就是速断保护，就能保证在短路故障发生时近故障点的开关先跳闸，避免越级跳闸。

限时电流速断保护的保护范围是被保护线路全长至下一回线路的15%。

（3）定时限过电流保护（电流Ⅲ段）。继电保护的动作（动作时间小于时限）与短路电流的数值无关，当短路电流大于保护装置的启动电流时，保护装置动作，称为定时限过电流保护。

定时限过电流保护的动作时限是由时间继电器确定的，整定时可根据给定的时间进行调整。

定时限过电流保护的保护范围为被保护线路的全长至下一回线路的全长。

（4）过负荷保护。过负荷保护是按照躲开可能发生的最大负荷电流而整定的保护，当继电保护中流过的电流达到整定电流时，保护装置发出信号。

（5）电缆线路的单相接地保护。在小电流接地系统中，利用单相接地时故障线路的零序电流大于非故障线路的零序电流这一特点，可以实现单相接地保护。

公网设备的保护定值由供电公司调度部门计算，用户保护定值由用户自行委托有资质的公司计算。计算完毕后，由所属供电公司营销部门用户经理将计算后的保护定值提交给供电公司调度部门审核。用户应该提供审核的资料有：①正确的继电保护定值；②经供电公司批复的用电方案；③用户有效联系电话。

（6）自发电及双电源用户的安全措施如下：

1）用户在使用自发电及双电源的过程中，要严防倒送电事故的发生，遵守电力管理部门和供电公司的有关管理规定。

2）用户事先必须向供电公司提出申请，经批准后方可使用自发电及双电源。

供电公司和用户应签订自发电协议、双电源使用协议，明确供电范围、安全技术措施以及防倒送电负责人。

自发电及双电源用户应根据其容量和用电负荷性质，分别采取加装双投刀闸、机械连锁装置、电气连锁装置等措施。自发电客户的接地装置不得与网供接地装置相连。

用户自备发电机组不得与系统并网运行，特殊原因确需并网运行的用户，需与供电公司签订并网运行协议，加装准同期装置。对用断路器并网的自发电机组，应在断路器控制回路中加装同期检查继电器触点，防止非同期并列。

第二节　配电网倒闸操作

倒闸操作是指电气设备由一种状态转入另一种状态。任何调度管辖设备的状态变化均应由当值调度下令后方可操作，本节主要介绍操作术语、指令以及倒闸操作原则。

一、操作术语

一次电气设备分运行、热备用、冷备用、检修四种状态。

（1）运行状态。开关及刀闸在合闸位置，控制保险（控制小开关）投入（合上），设备的保护按规定投入运行。

（2）热备用状态。开关在分闸位置，两侧的刀闸在合闸位置，控制保险（控制小开关）投入（合上），设备的保护按规定投入运行（调度有特殊要求的除外）。

（3）冷备用状态。开关及两侧的刀闸和相关的接地刀闸在分闸位置，控制保险（控制小开关）投入（合上），若无特殊要求，设备的保护按规定投入运行。

（4）检修状态。开关及两侧刀闸在分闸位置，在检修设备各侧装设接地线（或合上接地刀闸），取下控制电源保险（拉开控制小开关）。

二、倒闸操作原则

县（配）调应按直调范围进行调控倒闸操作。设备的操作应经地调值班调度员许可后方可执行。对地调调管设备运行有影响时，县调、配调值班调控员应在操作前后及时向地调值班调度员汇报。

（1）倒闸操作应填写调度操作指令票。以下操作可不用填写操作指令票，但应做好记录：

1）故障及紧急异常处置。

2）拉合单一开关。

3）投退 AVC（自动电压控制）功能、无功补偿装置。

4）拉闸限电。

5）发电厂开停机炉、加减出力。

6）单独投退继电保护（包括重合闸）。

（2）值班调控员在填写调度操作指令票和发布调度指令前应考虑以下问题：

1）接线方式改变后配网的分区供电情况，相关线路负荷转移裕度和供电节点均衡问题，不同重要等级用户供电可靠性和电能质量要求的影响，配电网双电源用户造成单电源供电的提前调整问题。

2）操作时可能引起的系统潮流、电压的变化，有功、无功功率平衡及必要的备用容量，新能源消纳，防止故障的对策，必要时可先进行分析计算。

3）为提高可靠性，负荷倒供及备自投方式的调整问题。

4）继电保护、安全自动装置运行方式是否合理，变压器分接头位置，无功补偿装置投入是否正确。

5）操作对保护、安控、设备监控、通信、自动化、计量等方面的影响。

6）核对线路联络开关及刀闸位置，开关和刀闸的操作是否符合规定，严防非同期并列、带地线送电及带负荷拉合刀闸等误操作。

7）新建、扩建、改建的设备投运或检修后可能引起相序、相位、二次接线错误的设备复电时，应查明相序、相位及相关二次接线是否正确。

8）设备缺陷可能给操作带来的影响，需要做好操作中可能出现异常情况的处置预案。

9）对直调范围以外设备和供电质量有较大影响时，应预先通知有关单位。

10）分布式电源的运行状态及对配电网倒闸操作的影响。

11）操作后馈线自动化的自愈能力。

三、操作指令

1. 操作指令分类

操作指令分单项、逐项、综合三种。

（1）单项操作指令。单项操作指令是指只对一个单位、只有一项操作内容的操作，如拉合单一开关等值班调控员可以发布单项指令，由接受指令的运维人员操作，发布或接受指令双方均应做好记录并录音。

（2）逐项操作指令。逐项操作指令是指涉及两个及以上单位或前后顺序需要紧密配合的操作，如线路停送电等应下达逐项指令，操作时值班调控员应事先按操作原则拟定操作指令票，再逐项下达指令。接受指令的运维人员应严格按指令逐项执行，未经发令人许可，不得越项进行操作。

（3）综合操作指令。综合操作指令是指只涉及一个单位、一个综合任务的操作，如主变压器停送电等值班调控员可以下达综合指令，明确操作任务和要求。具体操作项目或顺序由接受指令的运维人员自行负责，操作完毕后向值班调控员汇报。

2. 拟定操作指令票要求

填写操作指令票应以停电申请书、继电保护定值单、新设备启动投运方案、方式通知书、电力系统运行规定等为依据。对于临时的操作任务，值班调控员可以根据系统运行状态，按照有关操作规定及要求填写操作指令票。

填写操作指令票前，值班调控员应向运维人员核对相关一、二次设备状态（包括开关、刀闸、保护装置、安全自动装置、安全措施等）。

填写操作指令票时应做到任务明确、字体工整无涂改，正确使用设备双重（或三重）命名和调度术语。操作指令票必须经过拟票、审票、下达、执行、归档等环节，其中拟票、审票不能由同一人完成，拟票人、审核人、下令人、监护人必须手工或电子签名。

值班调控员只对自己发布的调度指令正确性负责，不负责审核操作指令票所列内容的正确性。

3. 运维人员接受操作指令要求

运维人员应根据发布的操作指令或操作指令票，结合现场实际情况，按照规程规定填写现场操作票，保证现场一、二次设备符合有关操作要求和相应的运行方式。填写现场操作票应考虑以下主要内容：

（1）一次设备停电后才能退出继电保护，一次设备送电时应先投入继电保护。

（2）厂用变压器、站用变压器电源的切换。

（3）直流电源切换。

（4）交流电流、电压回路和直流回路的切换。

（5）根据一次接线调整二次跳闸回路。

（6）根据一次接线决定安全控制装置的运行方式。

（7）设备停运，二次回路有工作（或一次设备工作影响二次回路），应将保护停用并做好二次回路的安全措施。

（8）现场规程规定的二次回路需作调整的其他内容。

预先下达的操作指令票只作操作前的准备使用，运维人员必须在收到值班调控员正式发布的"操作指令"和"发令时间"后，方可进行操作。运维人员接到值班调控员的操作指令前，严禁擅自按照预定联系时间进行操作。

在填写操作指令票、现场操作票或操作过程中，相关人员若有疑问应立即停止操作，待核实清楚情况后再继续进行。若需要改变操作方案，值班调控员应重新填写操作指令票。

第三节　配电网线路合环操作

从保护用户利益，提高供电可靠性，减少停电损失的角度出发，如何减少停电次数及时间，成为配电网工作提升优质服务需解决的问题。以往配电线路以停电倒负荷为主，随着配电网运行水平的不断提高，避免或减少对用户停电，普遍采用合环倒负荷方法。本节对配电网线路合环操作进行深入介绍。

一、概述

1. 配电网合环的概念

正常运行方式下，两条"手拉手"配电线路之间的联络开关是断开的，当一条线路需要停电检修时，为了保证对用户的不间断供电，可以先合上联络开关，使得两条线路短时合环运行，再断开该线路上特定开关，使负荷转移到另一条线路上，这种不停电的转负荷方式，即为合环转负荷。其典型步骤如图3-4所示。

2. 配电网合环的必要性

（1）满足用户供电可靠性。用户对供电可靠性的要求越来越高，维权意识越来越

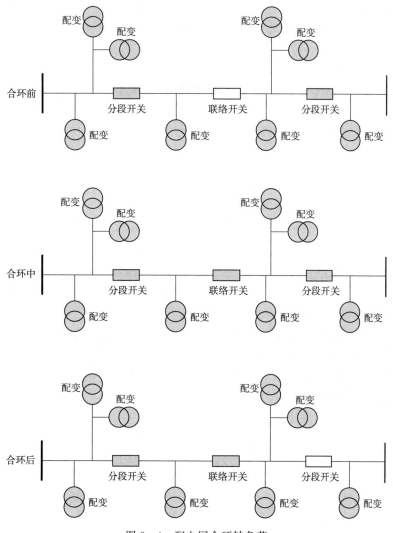

图 3-4 配电网合环转负荷

强，在冬夏之际对停电很敏感。特别是一些重要用户，可能一次短时的停电就会造成巨大的经济损失，也损害了供电企业的形象。因此，尽量采用不停电的倒闸操作，即合环操作，将用户的损失降至最低，提升了供电可靠性和服务质量，实现了供电企业的盈利。

（2）满足上一级电网检修工作或转负荷需要。当上一级电网因检修工作或各种原因需要转移负荷时，合环倒负荷可以不停电或最大限度地减少停电对用户的影响，提高居民的用电质量和用电可靠性。当需要进行检修工作时，可以选择将相关线路的负荷合环倒至联络线路上，再进行停电检修工作，避免了对用户的停电影响，减少了用户投诉，提升了服务质量。

（3）配电网运行的需要。由于配电网计划停电需要提前一周通知用户，合环倒负荷减少了停电的用户数量，减轻了营销部门进行用户通知的工作压力；并且配网运行方式的调整更加灵活，提高了配网运行的管理水平。配网设备多，运行环境恶劣，设备缺陷多，有的缺陷如不及时处理可能发展为事故，通过合环操作可将开环点转移至缺陷设备处，将有缺陷的设备进行隔离，既做到了防止缺陷进一步发展，又保证了供电可靠性。

3. 配电网线路合环的风险

通过合环操作来达到不停电完成倒负荷的目的虽然有很多益处，但也存在一些潜在的风险。由于合环点两侧存在电压差，以及合环路径的等值阻抗的差异，在合环操作时合环路径中可能会产生较大的合环电流。合环电流可能会导致配电线路过载，严重时甚至会烧毁电气设备；也有可能触发继电保护装置产生误动作，进而造成更大区域的电力故障，这将对电网的经济安全运行构成威胁。因此，充分考虑配网线路合环应具备的条件，并在合环时采取正确的调度操作步骤尤为重要。

二、配电网线路合环操作应具备的条件

进行配电网线路合环操作时必须满足以下条件和要求。

（1）合环线路须保证相序、相位一致，合环点两侧相角差一般允许在 20°以内，电压差为 20%以内。

（2）继电保护和安全自动装置应适应合环运行方式。

（3）合环倒负荷应经核算或实践验证，合环回路中有关设备须能承载合环操作产生的潮流变化，设备允许载流量满足需求。

（4）合环、解环操作要注意系统潮流变化，尽量缩短合环时间。

（5）合环操作应避免在负荷高峰和重载线路间进行。

（6）不允许同时多点合环操作。

三、配电网线路合环时配网调度操作步骤

配电网线路合环时配电网调度操作步骤如下。

（1）配电网调度验算在当前运行方式下两条线路是否具备合环条件的方法包括：①查看合环线路母线电压是否符合要求，是否处于同一 220kV 系统；②通过合环潮流计算校核是否成功。

（2）若涉及变电运维人员与线路运维人员配合操作时，应该待操作方全部到位后方可进行合环操作，避免两条线路合环时间过长。

（3）对于新投运线路的合环，应避免使用线路柱上开关或环网柜内开关。宜采用变电站内的开关进行遥控合环，以保证现场操作人员的人身安全。

（4）两条线路合环时，应注意观察潮流变化情况，防止线路开关合闸不到位造成解环后部分线路失电的情况。

（5）解环后，应观察两条解环线路负荷情况，不超过本线路的额定载流量。

四、配电网线路关于合环的其他要求

配电网线路合环的其他要求如下。

1. 线路改造后必须核相

在 10kV 配网线路改造后应及时核相。相位相序相同是合环的必要条件，线路合环时

若相位相序不同会造成线路短路跳闸，严重时会越级到上一级线路，造成更大面积的停电事故。

2. 合环前进行潮流计算

线路的潮流与系统的接线方式、电压、负荷有关。当以上三者发生较大变化时，可能出现操作线路过负荷、保护误动作等情况，合环前应进行潮流计算，确保合环时线路不过负荷。

3. 健全配电网线路参数

10kV 配电网参数获取困难，需多部门沟通协助。配电网系统线路分布相对复杂，很可能导致潮流计算过程中相关数据失准失真，使潮流计算值与现实产生较大差异。

4. 制定合环操作规程

制定操作性强的合环操作流程，对于操作中遇到的问题及时记录，总结运行经验，不断完善合环、解环的操作流程，确保每一步操作都符合安全规程及现场运行规程，并确保每一次合环操作正确、安全。

第四节　带电作业管理

为保证连续不间断供电是满足用户对供电企业的基本要求，带电作业已成为提高电网经济效益和服务质量的重要检修手段。

一、概述

带电作业是指在高压电气设备上不停电进行测试、检修的一种作业方法。电气设备在长期运行中需要经常检查、测试和维修。带电作业是避免检修停电，保证正常供电的有效措施。带电作业现场图如图 3-5 所示。

图 3-5　带电作业现场图

10kV 配电网用户虽然电能消耗的占比并不高，但其数量在用户总数中占绝大多数。目前供电企业的供电可靠性指标及优质服务指标大多受其制约，减少和避免停电是供电企业的基本要求,带电作业能够有效的节约电力资源,在提高用户用电满意度的同时,促进供电企业经济效益的增长。因此,推广10kV带电作业具有积极意义。

二、带电作业的特点

带电作业有以下特点。

(1)工作地点通常位于城市城区,环境嘈杂且交通复杂。

(2)配电线路设备较多,操作频繁,负荷较重,线路设备老化,线路异常情况多发。

(3)线路走向复杂,多回路同杆、高低压同杆、电压等级较输电线路低,各相导线距离近,作业难度大。

(4)作业人员操作过程中必须穿戴绝缘服装,使用专用绝缘工具,因此,操作的灵活性受到一定限制。

(5)工作环境决定其作业难度和劳动强度高于高压等级的带电作业。

三、带电作业的分类

按作业人员作业时所处电位高低,带电作业可分为等电位作业、地电位作业和中间电位作业。

1. 等电位作业

等电位作业时,人体直接接触高压带电设备。处在高压电场中的人体,会有危险电流流过,危及人身安全,因而所有进入高电场的工作人员,都应穿戴全套合格的屏蔽服,包括衣裤、鞋袜、帽子和手套等。全套屏蔽服的各部件之间,须保证电气连接良好,使人体外表形成等电位体。

2. 地电位作业

地电位作业时,人体处于接地的杆塔或构架上,通过绝缘工具带电作业,因而又称绝缘工具法。在不同电压等级电气设备上带电作业时,必须保持空气间隙的最小距离及绝缘工具的最小长度。在确定安全距离及绝缘长度时,应考虑系统操作过电压及远方落雷时的雷电过电压。

3. 中间电位作业

中间电位作业是通过绝缘棒等工具进入高压电场中某一区域,但未直接接触高压带电体,是等电位作业和地电位作业的中间状态。因此,前两种作业时的基本安全要求,在中间电位作业时均须考虑。

按作业人员是否直接接触带电体可分为直接作业法和间接作业法。

(1)间接作业法。是以绝缘工具为主绝缘,绝缘穿戴用具为辅助绝缘的作业方法。这种作业法是指作业人员与带电体保持足够的安全距离,通过绝缘工具进行作业的方法。且人体各部分通过绝缘防护用具(绝缘手套、绝缘衣、绝缘靴)与带电体和接地体保持距离。

(2)直接作业法。是指作业人员借助高空作业车的绝缘臂或绝缘梯直接接近带电体,人体各部分穿戴绝缘防护用具直接作业的方法。该作业方法在名称上不应称为等电位作业法,因为当戴绝缘手套作业时,人体与带电体并不是等电位的。

四、带电作业的安全条件

带电作业应满足以下安全条件。

1. 安全可靠的作业工具

带电作业使用的工器具必须经试验合格，有良好的机械强度和绝缘强度，操作灵活可靠。

2. 足够的安全距离

作业过程中必须保证安规规定的最小安全距离。

3. 严密的组织措施

带电作业前应制定与项目有关的技术措施和组织措施并严格实施，作业中必须严格执行监护制度。

4. 合格的作业人员

带电作业人员必须身体健康，胆大心细，反应灵敏，责任心强，纪律性强，且经带电作业培训考试合格。

五、带电作业的技术条件

为保证带电作业人员的安全，工作期间须具备以下条件：①流过的电流应低于人体感知电流（1mA）；②人体体表场强应低于人体感知水平（2.4kV/cm）；③与带电体之间保持足够的安全距离。除满足以上条件外，气象因素、继电保护和重合闸也是需要注意的问题。

1. 流经人体电流防护

在直接或者间接带电作业中，绝缘工具在正常情况下泄漏电流只有几微安，远小于人的感知电流。当绝缘工具受潮时，电阻率急剧下降，泄漏电流会急剧上升，达到毫安级水平，严重威胁工作人员安全。因此，为了防止安全事故发生，可以安装一个体积小、灵敏度高的泄漏报警器，且与大地相连。

2. 保持带电作业安全距离

为避免过电压伤害，在不同电位的接地线和作业人员之间保持一定的距离，即安全距离。其被作为判断配电线路带电作业是否安全的标准距离。它的数值仅由作业设备的电压等级决定。《国家电网公司电力安全工作规程（线路部分）》明确规定10kV配电线路的最小安全距离为0.4m。

3. 停用重合闸

电力系统中，重合闸作为一个继电保护装置，主要用于避免系统故障扩大，缩短停电时间。在进行10kV配电线路带电作业时，因时制宜地停用重合闸。当带电作业引发安全事故时，会造成开关跳闸，停止使用重合闸，能控制事故的波及范围，使作业人员免于二次伤害。

六、带电作业的书面申请

配网调度管辖范围的所有带电作业工作必须向县（配）调提出申请。申请分为口头申请和书面申请。配电网调度管辖范围内带电作业的工作项目，除事故处理涉及的带电作业可向县（配）调提出口头申请外，其他带电作业项目均须书面申请。

（1）提出书面申请的带电作业至少符合下列任一必要条件：

1）用户新建、扩建以及改建设备加入运行申请及申请书。

2）月度计划停电检修工作、经过批准的非计划停电检修工作。

3）其他待批报告、方案。

（2）配电网设备带电作业申请书的办理方式如下：

1）带电作业均按照《电力系统带电作业申请书》的内容要求办理，原则上应在工作前一日 12：00 前办理完毕，但不得提前三个工作日以上。

2）《电力系统带电作业申请书》办理方式与计划停电申请书的办理方式相同。

3）《电力系统带电作业申请书》办理人为设备运行维护单位指定的专人，名单报调度部门备案。

4）带电作业除事故处置外必须办理《电力系统带电作业申请书》。开工前、完工后必须同县（配）调联系。

七、其他相关注意事项

（1）带电作业线路是否需停用重合闸，由带电作业的工作负责人提出建议，设备运行维护单位的工作领导人按相关规定决定，并在办理申请时明确；事故抢修时由检修现场负责人明确，由工作许可人记录备案。

（2）带电作业工作的许可手续与其他工作的许可手续相同。

（3）带电作业不涉及供电公司相关停电管理规定的更改，带电作业涉及对用户停电的仍按用户管理规定执行。

（4）现场是否能够开展带电作业由实施带电作业的单位决定。

（5）带电作业线路是否需要停用重合闸由县（配）调值班调度人员根据《电力系统带电作业申请书》执行，事故抢修时由现场负责人在开工前向县（配）调说明，需要停用重合闸的带电作业，必须在重合闸停用后方可联系开工。

（6）线路带电作业的安全措施，由现场带电作业人员自行负责。

（7）带电作业的线路开关跳闸，在与带电作业联系人联系并取得同意前，不得送电。

（8）在仅拉开变电站开关、柱上开关或环网柜、分支箱刀闸的线路上工作，均应视为带电作业，须按带电作业要求进行工作联系并作好安全措施。

本章内容为停送电联系的规范流程，是本书的核心章节。

本章一共三节，分别为：有停电检修申请书的停送电联系及示例、危急缺陷的停送电联系及示例、故障处理的停送电联系及示例。

本章从实际业务出发，对停送电联系流程进行详细介绍，同时，将停送电联系的规范流程通过具体示例直观地进行展示，从而指导相关人员高效地进行停送电联系。

第一节　有停电检修申请书的停送电联系及示例

本节详细介绍了停电检修申请书的停送电联系工作流程。另外，对流程中易错的关键步骤进行了案例解析，同时，对停电检修申请书的停送电联系工作流程，结合相关示例进行了直观的展示。

一、工作流程

停电检修申请书的停送电联系工作流程，一共分为以下几个主要步骤：①停电；②开工；③完工；④送电。

停电检修申请书的停送电联系工作流程图如图4-1所示。

1. 停电

当值调控员根据停电检修申请书拟写调度操作指令票。调度操作指令票应统一按顺序编号。调度操作指令票的操作任务、操作内容应按规定格式进行填写，填写时应使用规范的调度术语和设备双重名称。

拟写调度操作指令票前，当值调控员应该做到"五查"：①查检修申请单位、时间和编号；②查停电范围、工作范围；③查停送电设备状态；④相关运行方式安排；⑤查继电保护有无调整。

调度操作指令票应提前拟定并预发，待正式下令后才能具体执行。当值调控员根据停电检修申请书停电时间，下令给运维操作人员。运维操作人员复述调度操作指令票无误后方可执行操作，待操作完毕后应将执行情况及时间汇报当值调控员，当值调控员复诵无误后即为停电完成。一切调度指令是以调度下达指令时开始至操作人员执行完毕并汇报当值调控员后，才算全部完成。

如果现场由于天气、人员、设备等原因不能按照计划执行停电检修申请书的，停送电联系人应向当值调控员联系申请停电检修申请书取消。当值调度员与现场运维人员作废相应的调度操作指令票，拟写并下达新的调度操作指令票以恢复设备正常运行方式，并将停

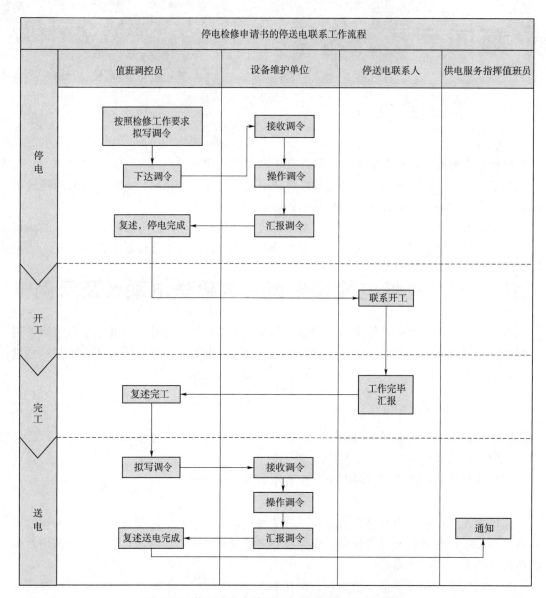

图 4-1 停电检修申请书的停送电联系工作流程图

送电信息告知供电服务指挥中心配网抢修指挥班，由供电服务指挥中心配网抢修指挥班发布相应的停送电信息。

2. 开工

按照停电检修申请书要求停电后，当值调控员应与停电检修申请书的停送电联系人进行联系。首先，双方应对停电检修申请书上的申请单位、申请编号、检修设备名称、检修内容互相进行确认；然后，当值调控员应向停送电联系人告知：现停电检修申请书要求的停电范围内设备已经停电，在工作地点各端验电接地做好临时安全措施后开始工作；最后，由当值调控员给出开工时间，即为该停电检修申请书开工完毕。开工完毕后，当值调控员应按照停电检修申请书拟写送电调度操作指令票，并将其预发给设备维护单位。

【案例1】

(1) 故障简述。2018年3月1日,10kV某线进行线路改造,工作内容包括更换4座环网柜并新投2座环网柜。计划开工时间为09:00,计划完工时间为16:30。

09:40现场运维操作人员执行完调度操作指令票。09:45当值调控员与停送电联系人联系开工。停电检修申请书开工延迟导致该申请书实际完工时间为17:00,比计划时间延迟了30分钟。

10kV某线所带用户为小区居民用户,涉及居民5000余户。这次延迟送电事故造成小区居民用电受到较大影响。某供电公司在此期间收到涉及10kV该线路的投诉工单40余张,导致某供电公司企业形象受到较大影响。

(2) 故障原因分析。10kV某线延迟送电原因是现场运维操作人员堵车未按时到达操作现场,导致调令执行完毕时间延迟,造成工作开工时间延迟。

(3) 解决措施及经验教训。一方面,现场设备运维人员应提前到达操作现场等候调控员下令;另一方面,停送电联系人应把握好现场工作进度,如需延迟工作时间,应提前1小时与当值调控员联系,当值调控员则应提前将延迟送电信息告知供电服务指挥中心配网抢修指挥班发布延迟送电信息,对用户做好解释工作。

3. 完工

按照停电检修申请书要求执行完成相关工作后,停送电联系人应核查现场,确认无新增工作后,应与工作负责人一起,再次确认工作人员已经全部撤离工作现场,确认工作所做的临时安全措施已经全部拆除、无遗留。如停电检修申请书工作中有要求进行相关试验的,停送电联系人还应检查相关试验合格报告。停送电联系人将以上核实完毕后,向当值调控员汇报停电检修申请书完工,并且具体说明以下内容:停电检修申请书的申请单位、申请编号、检修设备名称、检修内容,工作现已全部结束,人员撤离工作现场,临时安全措施全部拆除,该停电检修申请书停电范围内设备具备送电条件,申请送电。当值调控员应复述以上内容,并给出完工时间,该停电检修申请书执行完毕。

【案例2】

(1) 故障简述。10kV出线L1 101环网柜BL6间隔新投接入支线BL6电缆。停送电联系人未检查用户侧地刀全部拆除即向当值调控员申请完工。当值调控员带地刀送电,导致10kV出线L1事故跳闸。与10kV出线L1同母线的10kV出线L2、出线L3、出线L4、出线L5有较大负荷损失,对某市委、市政府、110/119指挥中心、污水处理厂等重要用户用电造成了严重影响。

10kV出线L1线路故障示意图如图4-2所示。

(2) 故障原因分析。停送电联系人在联系工作结束前,未仔细核实工作现场的临时安全措施,用户侧的临时安全措施未拆除即联系工作结束、申请恢复供电。

(3) 解决措施及经验教训。临时安全措施是否全部拆除,在停送电过程中是极为重要的一个风险点。如果停送电联系人未严格执行停送电联系工作流程即申请送电,将造成设备损伤以及电网波动,对用户用电也会造成较大影响。

4. 送电

停电检修申请书完工后,当值调控员将停电检修申请书的送电调度操作指令票下达给运

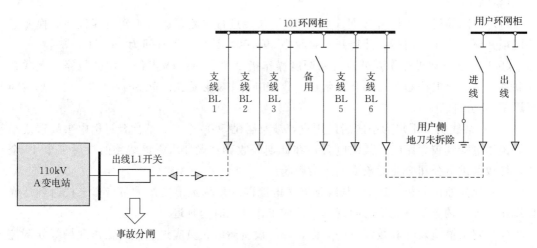

图 4-2 10kV 出线 L1 线路故障示意图

维操作人员，并给出下令时间，运维操作人员复述调度操作指令票无误后执行操作。运维操作人员操作完毕后将调度操作指令票执行情况和执行时间向当值调控员汇报，当值调控员复诵无误即为送电完成。送电完成后当值调控员还应将此停电检修申请书送电情况告知供电服务指挥中心配网抢修指挥班。供电服务指挥中心配网抢修指挥班发布相应的送电信息。

二、有停电检修申请书的停送电联系示例

下面以用户申请办理的 220kV B 变电站 10kV 出线 L2 的《计划停电检修申请书》为例，对停送电联系流程进行详细说明。计划停电检修申请书如图 4-3 所示。

当值调控员按照《计划停电检修申请书》要求拟写停电调度操作指令票，并预发给设备维护单位。停电调度操作指令票如图 4-4 所示。

10kV 出线 L2 运维操作人员即变电运维五班当值值班员按时到站，联系当值调控员。当值调控员下令给变电运维五班当值值班员：配调字第 1802001 号调度指令票，操作任务：220kV B 站：10kV 出线 L2 开关线路由运行转检修。操作步骤：第一项，拉开出线 L2 开关热备用；第二项，将出线 L2 开关由热备用转冷备用；第三项，合上出线 L230 接地刀闸。一至三项依次执行，下令时间 08：00。变电运维五班当值值班员复述无误后，值班调控员同意执行。调度操作指令票执行完毕后，变电运维五班值班员将执行情况及时间汇报给当值调控员。当值调控员复诵无误，即为停电完毕。

执行完毕的停电操作指令票如图 4-5 所示。

按照停电检修申请书要求停电后，当值调控员电话联系停送电联系人罗某，具体说明：由用户申请办理的配字第 P1802001 号用户计划停电检修申请书，停电设备名称 10kV 出线 L2 线，检修内容电缆迁改。现 10kV 出线 L2 开关为停电接地状态，是否满足现场工作条件。送电联系人罗某回答：满足工作条件。当值调控员许可停送电联系人罗某在工作地点各端验电接地做好临时安全措施开始工作，08：30 当值调控员贺某与停送电联系人罗某联系开工。

开工完毕后，当值调控员按照停电检修申请书要求拟写送电调度操作指令票，并预发给变电运维五班。

计划停电检修申请书

申请单位	用户	申请提出日期	2018年1月25日	配字第P1802001号
停电范围断开点选择	220kV B站：10kV出线L2开关断开			
检修设备名称	10kV 出线L2			
检修内容	电缆迁改			
新投申请编号	无	异动申请编号		无
工作单位	电缆检修公司	工作范围内同杆多电源情况		无
是否涉及自动化改造	否	是否涉及通信、光缆及业务变动		否

220kV B站

10kV出线L2
工作范围
停电范围

申请单位备注				
系统/配网是否配合				
检修时间	停电开始时间	工作开始时间	工作结束时间	恢复供电时间
申请时间	02-02 08:00	02-02 08:30	02-02 18:30	02-02 19:00
批准时间	02-02 08:00	02-02 08:30	02-02 18:30	02-02 19:00
执行时间	02-02 08:00	02-02 08:30	02-02 14:53	02-02 15:45
执行人	张某	罗某	罗某	张某
停送电联系人	罗某	联系电话	13XXXXXXXX	
工作领导人	张某	联系电话	15XXXXXXXX	
填报质量评价				

专业会签：
检修专责：同意，核相正确。2018-01-25 11:02
自动化会签：同意。2018-01-25 11:17
调度会签：同意。2018-01-26 16:33
保护专责会签：同意。2018-01-25 11:20
方式计划室：同意。2018-01-25 11:11
继电保护室：同意。2018-01-25 11:26
自动化室：同意。2018-01-25 14:04
调度控制室：同意。2018-01-26 16:57
中心领导：同意。2018-02-01 14:34

备注	

图 4-3 计划停电检修申请书示例

电 网 调 度 操 作 指 令 票

操作日期：　　2018-02-02　　　　　　　　　配调字第　　1802001　　号

操作任务	220kV B站：10kV出线L2开关线路由运行转检修。					
顺序	计划操作时间	执行单位	受令人	操 作 内 容	发布命令时间	操作完成时间
1	2018-02-02 08:00	B站		拉开出线L2开关热备用。		
2	2018-02-02 08:03	B站		将出线L2开关由热备用转冷备用。		
3	2018-02-02 08:06	B站		合上出线L230接地刀闸。		
				以下空白		
备注						
接收指令单位	变电运维五班					
接收指令票人						
拟票人	周某	审核人		王某	监护人	发令人

图 4-4 停电调度操作指令票

电 网 调 度 操 作 指 令 票　　　　**已执行**

操作日期：　　2018-02-02　　　　　　　　　配调字第：　1802001　　号

操作任务	220kV B站：10kV出线L2开关线路由运行转检修。						
顺序	计划操作时间	执行单位	受令人	操 作 内 容	发布命令时间	操作完成时间
1	2018-02-02 08:00	B站	张某	拉开出线L2开关热备用。	08:00	08:04
2	2018-02-02 08:03	B站	张某	将出线L2开关由热备用转冷备用。	08:00	08:10
3	2018-02-02 08:06	B站	张某	合上出线L230接地刀闸。	08:00	08:21
				以下空白		
备注						
接收指令单位		变电运维五班				
接收指令票人		张某				
拟票人　　周某		审核人　　王某			监护人 杨某	发令人 贺某

图 4-5　执行完毕的停电操作指令票

送电调度操作指令票如图 4-6 所示。

电 网 调 度 操 作 指 令 票

操作日期：　　2018-02-02　　　　　　　　　配调字第：　1802002　　号

操作任务	220kV B站：10kV出线L2开关线路由检修转运行。						
顺序	计划操作时间	执行单位	受令人	操 作 内 容	发布命令时间	操作完成时间
1	2018-02-02 18:30	B站		拉开出线L230接地刀闸。		
2	2018-02-02 18:33	B站		将出线L2开关由冷备用转热备用。		
3	2018-02-02 18:36	B站		合上出线L2开关。		
				以下空白		
备注						
接收指令单位		变电运维五班				
接收指令票人						
拟票人　　刘某		审核人　　周某			监护人	发令人

图 4-6　送电调度操作指令票

停电检修申请书工作结束后，停送电联系人罗某向当值调控员汇报：由用户申请办理的配字第 P1802001 号计划停电检修申请书，停电设备名称 10kV 出线 L2，检修内容电缆迁改。现 10kV 出线 L2 电缆迁改工作全部结束，人员撤离工作现场，临时安全措施全部拆除，10kV 出线 L2 具备送电条件，申请送电。当值调控员复述以上内容并给出完工时间，此停电检修申请书执行完毕。

停电检修申请书完工后，当值调控员通知变电运维五班当值值班员操作。变电运维五班当值值班员到达 B 站后联系当值调控员。当值调控员下令："配调字第 1802002 号，操作任务，B 站：10kV 出线 L2 开关线路由检修转运行。"操作步骤：第一项，拉开出线 L230 接地刀闸；第二项，将出线 L2 开关由冷备用转热备用；第三项，合上出线 L2 开关。一至三项依次执行，下令时间 14：59。变电运维五班当值值班员复述无误后，当值调控员同意执行。送电调度操作指令票执行完毕后，变电运维五班当值值班员将执行情况及时间汇报当值调控员。当值调控员复诵无误，即为送电完毕。

执行完毕的送电调度操作指令票如图 4-7 所示。

电网调度操作指令票				已执行		
操作日期： 2018-02-02				配调字第： 1802002 号		
操作任务	220kV B站：10kV出线L2开关线路由检修转运行。					
顺序	计划操作时间	执行单位	受令人	操作 内 容	发布命令时间	操作完成时间
1	2018-02-02 18:30	B站	张三	拉开出线L230接地刀闸。	14:59	15:08
2	2018-02-02 18:33	B站	张三	将出线L2开关由冷备用转热备用。	14:59	15:43
3	2018-02-02 18:36	B站	张三	合上出线L2开关。	14:59	15:45
				以下空白		
备注						
接收指令单位		变电运维五班				
接收指令票人		张三				
拟票人	刘某	审核人		周某	监护人 魏某	发令人 刘某

图 4-7 执行完毕的送电调度操作指令票

送电完成后当值调控员还应将 10kV 出线 L2 送电情况通知给供电服务指挥中心配网抢修指挥班。供电服务指挥中心配网抢修指挥班将 10kV 出线 L2 送电信息对外发布。

第二节 危急缺陷的停送电联系及示例

一、缺陷的分类

（一）按照设备产权分类

按照设备产权，配电网缺陷分为公网设备缺陷和用户设备缺陷。

1. 公网设备缺陷

配电网公网设备是由供电公司维护管理，发生缺陷时，由供电公司设备管理维护人员进行查找处理。供电公司专业人员素质较高，并且较多公网线路已经接入配电自动化系统，通过配电自动化系统可迅速查找故障，恢复供电。

配电网公网线路中"手拉手"方式运行的线路，发生故障时可以将故障隔离，非故障区域通过手拉手线路转供，故障处理完毕后，恢复正常运行方式。

恢复正常运行方式时，按照相关规程通过合环或停电操作进行方式调整。

2. 用户设备缺陷

在实际中，用电客户的设备容量各不相同，进线接入方式也不完全一样，设备设施也有多有少。由于电网运行都是一个整体，用电客户设备运行如果存在安全隐患，可能给电网造成影响，同时也可能给用户自身带来人身伤害和重大的经济损失。根据安全生产制度，用户单位都会根据电力部门的要求，结合电力部门的有关规定制定出相应的安全运行和管理的规章制度，但实际中也有部分用户单位，主要是接于 10kV 公网线路上的用户产权的小容量变压器用户单位，由于电气设备少，场地简陋，加之管理不善，基本不对电气设备进行检查巡视，当电气设备出现危急缺陷或严重缺陷甚至发生故障停电时，才匆忙进行处理，而在处理时又往往不遵守有关规章制度，安全措施不可靠，从而埋下安全隐患。

（二）按照缺陷性质及轻重程度分类

（1）一般缺陷。一般缺陷指对人身和设备无威胁，对设备功能及系统稳定运行没有立即或明显的影响且不至于发展成为严重缺陷，应限期安排处理的缺陷。一般缺陷处理响应时间为 6 个月。

（2）严重缺陷。严重缺陷指对设备功能、使用寿命及系统正常运行有一定影响或可能发展成为危急缺陷，但允许其带缺陷继续运行或动态跟踪一段时间，必须限期安排进行处理的缺陷。严重缺陷处理响应时间为 1 周至 1 个月。

（3）危急缺陷。危急缺陷指威胁人身或设备安全，严重影响设备安全运行、使用寿命及可能造成电力系统瓦解，危及电力系统安全、稳定和经济运行，务必立即进行处理的缺陷。危急缺陷处理响应时间为 1~6 小时。

二、工作流程

设备缺陷尽管类型繁多、性质不同、轻重各异，但是，除了危急缺陷以外，其余类型的缺陷均须办理停电检修申请书进行处理。

危急缺陷发生属于紧急情况，无须办理停电检修申请书。危急缺陷的工作流程主要有以下四步：①停电；②开工；③完工；④送电。危急缺陷的停送电联系工作流程步骤与"停电检修申请书的停送电联系"的主要工作流程一样，但是内容有较大的不同，主要体现在第一步"停电"。危急缺陷的停送电联系工作流程中的第一步"停电"，是由停送电联系人发现紧急缺陷汇报当值调控员，当值调控员通过分析判断确定停电范围。当值调控员拟写事故口令，无须拟写调度操作指令票，事故口令下达后立即执行。

危急缺陷的停送电联系工作流程图如图 4-8 所示。

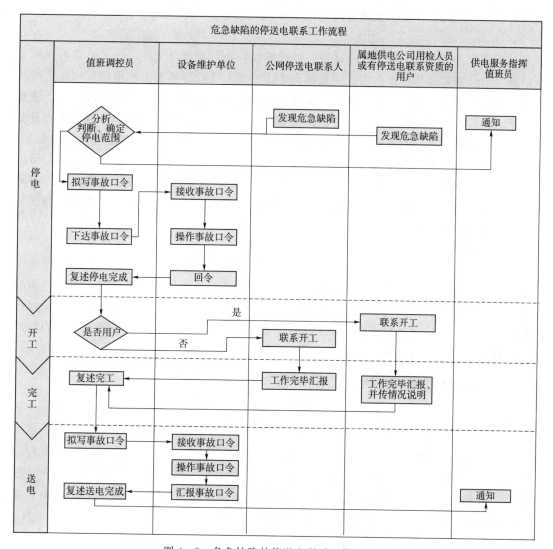

图 4-8 危急缺陷的停送电联系工作流程图

1. 停电

配电网设备发生危急缺陷，不能坚持运行，由停送电联系人将现场情况向当值调控员汇报，确定需停电设备。当值调控员进行分析判断，确定停电范围并将停电信息通知所属供电公司供电服务指挥中心配网抢修指挥班。供电服务指挥中心配网抢修指挥班发布相应的停电信息。

按照停送电联系人缺陷处理要求，当值调控员拟写事故口令，并且下令给运维操作人员，运维操作人员复述事故口令无误后执行操作。运维操作人员操作完毕后将执行情况和执行时间汇报当值调控员，当值调控员复诵无误后即为停电完成。

2. 开工

按照现场停送电联系人要求停电后，当值调控员与停送电联系人联系并告知：缺陷要求的停电设备已经停电，在工作地点各端验电接地做好临时安全措施后可开始工作。当值调控员给出开工时间，危急缺陷处理开工完毕。

3. 完工

危急缺陷处理完毕后，停送电联系人核查现场，确认无新增工作，停送电联系人核实缺陷确实已经消除。与工作负责人一起再次确认工作人员全部撤离工作现场，检查工作所做的临时安全措施全部拆除、无遗留。如危急缺陷处理工作有要求进行相关试验的，停送电联系人还应检查相关试验合格报告。停送电联系人将以上核实完毕后，向当值调控员汇报危急缺陷处理完工，具体说明以下内容：缺陷处理工作全部结束，人员撤离工作现场，临时安全措施全部拆除，设备具备带电条件，申请送电。当值调控员复述以上内容，给出完工时间，缺陷处理完工。用户产权设备缺陷处理完毕后，按照"谁处理谁负责"的原则，由有资质的现场检修单位出具电缆试验报告，由停送电联系人确认无误后将电缆试验报告送达至供电公司后方可申请完工。

4. 送电

缺陷处理工作完工后，当值调控员按照缺陷处理情况拟写事故口令并下达给运维操作人员，运维操作人员复述事故口令无误后执行操作。运维操作人员操作完毕后将执行情况和执行时间汇报当值调控员，当值调控员复诵无误即为送电完成。送电完成后当值调控员还应将此缺陷送电情况通知给供电服务指挥中心配网抢修指挥班。供电服务指挥中心配网抢修指挥班发布相应的送电信息。

三、危急缺陷停送电联系示例

某年某月某日，运维人员李某巡视发现 10kV 出线 L3 线 49 号杆线路有树枝搭挂，树枝正在起火，严重威胁 10kV 出线 L3 线路安全运行。李某立即将该紧急情况汇报当值调控员。李某根据现场情况向当值调控员申请将 10kV 出线 L3 丙开关以及出线 L3、L5 联络开关转冷备用处理该紧急缺陷。当值调控员进行分析判断，确定 10kV 出线 L3 丙开关线路停电，并将此停电信息通知所属供电公司供电服务指挥中心配网抢修指挥班。供电服务指挥中心配网抢修指挥班发布相应的停电信息。

10kV 出线 L3 危急缺陷停送电联系示例如图 4-9 所示。

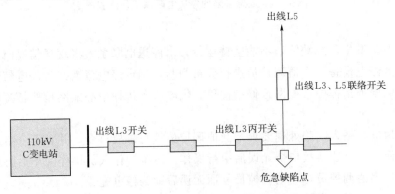

图 4-9　10kV 出线 L3 危急缺陷停送电联系示例

按照 10kV 出线 L3 危急缺陷处理要求，当值调控员拟写事故口令，并且将事故口令下达给运维操作人员李某，步骤如下：第一项，拉开出线 L3 丙开关；第二项，拉开出线

L3 丙开关两侧刀闸；第三项，拉开出线 L3、L5 联络开关两侧刀闸。李某复述事故口令无误后执行操作，操作完毕后汇报当值调控员，当值调控员复诵无误即为停电完成。

停电操作完成后，当值调控员与停送电联系人李某联系，并告知如下内容：现 10kV 出线 L3 丙开关以及出线 L3、L5 联络开关冷备用状态，是否满足处理 10kV 出线 L3 线 49 号杆危急缺陷条件。停送电联系人李某确认无误后回答：满足处理条件。当值调控员许可李某：在 10kV 出线 L3 线 49 号杆缺陷地点各端验电接地做好临时安全措施开始工作。当值调控员给出开工时间，危急缺陷处理开工完毕。

危急缺陷处理工作结束后，停送电联系人李某与当值调控员联系，具体说明：10kV 出线 L3 缺陷处理工作全部结束，人员撤离工作现场，临时安全措施全部拆除，设备具备带电条件，申请送电。当值调控员复述以上内容，给出完工时间，危急缺陷处理工作完毕。

缺陷处理工作完工后，当值调控员拟写送电事故口令，下达给运维操作人员，步骤如下：第一项，合上出线 L3 丙开关两侧刀闸；第二项，合上出线 L3 丙开关；第三项，合上出线 L3L5 联络开关两侧刀闸。运维操作人员复述事故口令无误后执行操作，操作完毕后将事故口令执行情况和执行时间汇报当值调控员，当值调控员复述无误后即为送电完成。送电完成后当值调控员将 10kV 出线 L3 丙开关后段线路恢复送电情况通知供电服务指挥中心配网抢修指挥班。供电服务指挥中心配网抢修指挥班发布相应的送电信息。

第三节　故障处理的停送电联系及示例

配电网故障对电网设备安全运行会造成巨大威胁，并且会影响优质用电服务。在发生故障的紧急情况下，无须办理停电检修申请书，应由当值调控员根据设备运维单位人员巡视情况以及故障处理要求直接进行处置。

一、工作流程

故障处理的工作流程主要有以下 4 步：①停电；②开工；③完工；④送电。故障处理的停送电联系工作流程步骤与"停电检修申请书的停送电联系"和"危急缺陷的停送电联系"的工作流程一致，但是内容有较大不同，主要体现在第一步"停电"。故障处理的停送电联系工作流程中的第一步"停电"，是指线路或设备因故障已经停电，当值调控员根据线路及设备巡视情况下达事故口令隔离故障点，做好临时安全措施处理故障。

故障处理停送电联系流程如图 4 - 10 所示。

1. 停电

设备故障停电后，当值调控员通过分析判断确定停电范围，通知设备维护单位人员巡视，并将停电信息通知供电服务指挥中心配网抢修指挥班。供电服务指挥中心配网抢修指挥班发布相应的送电信息。

当值调控员按照停送电联系人巡视情况以及故障处理要求拟写事故口令，并且下令给运维操作人员，运维操作人员复述事故口令无误后执行操作。运维操作人员操作完毕后汇

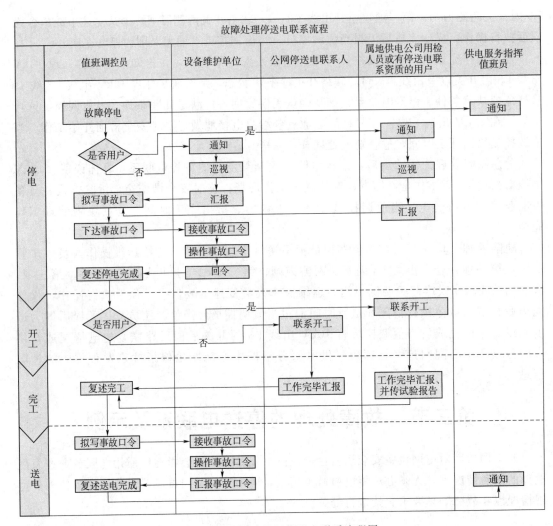

图 4-10 故障处理停送电联系流程图

报当值调控员,当值调控员复诵无误后即为停电完成。

2. 开工

停电操作完成后,当值调控员与停送电联系人联系,并告知:故障要求的停电设备已经停电,请在工作地点各端验电接地做好临时安全措施后开始工作,并给出开工时间,该故障开工完毕。

3. 完工

故障处理完毕后,停送电联系人核查现场,确认无新增工作,停送电联系人核实故障确实已经排除。与工作负责人一起再次确认工作人员全部撤离工作现场,检查工作所做的临时安全措施全部拆除,无遗留。如故障处理工作有要求进行相关试验的,停送电联系人还应检查相关试验合格报告。停送电联系人将以上核实完毕后,向当值调控员汇报故障处理完工,具体说明以下内容:故障处理工作全部结束,人员撤离工作现场,临时安全措施全部拆除,设备具备带电条件,申请送电。当值调控员复述以上内容,给出完工时间,故障处理完工。用户产权设备故障处理完毕后，按照"谁处理谁负责"的原则，由有资质的现场检修单位出具电缆试验报告，由停送电联系人确认无误后将电缆试验报告送达至供电公司后方可申请完工。

【案例3】

（1）故障描述。10kV 出线 L4 事故跳闸，故障点在 102 开关站支线 BL2 线路上。故障处理完工后，停送电联系人在没有核实工作人员已全部撤离现场的情况下，与当值调控员联系工作结束并申请恢复送电，导致一名工作人员触电身亡造成重大电网安全事故。

（2）故障原因分析。检查人员是否撤离现场，在停送电联系过程中是极为重要的一个风险点。如果故障处理完毕后，停送电联系人未严格执行停送电联系完工流程中的检查人员撤离现场，临时安全措施全部拆除即申请送电，极易造成人员伤亡。

（3）解决措施及经验教训。停送电联系人在联系工作结束前，应仔细核实工作人员已全部撤离工作现场，线路具备带电条件后，方可联系工作结束，申请恢复供电。

事故案例示意图如图 4-11 所示。

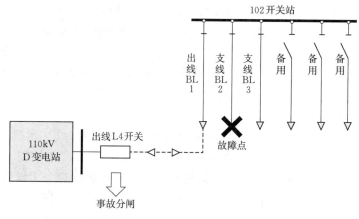

图 4-11　事故案例示意图

4．送电

故障处理工作完工后，当值调控员按照故障处理情况拟写事故口令并下达给运维操作人员，运维操作人员复述事故口令无误后执行操作。运维操作人员操作完毕后将执行情况和执行时间汇报给当值调控员，当值调控员复诵无误即为送电完成。送电完成后当值调控员还应将此故障送电情况通知给供电服务指挥中心配网抢修指挥班。供电服务指挥中心配网抢修指挥班发布相应的送电信息。

二、故障停送电联系示例

某年某月某日 10kV 出线 L5 开关事故分闸。当值调控员通知 10kV 出线 L5 停送电联系人李某事故带电巡线。同时，将停电信息通知所属供电公司供电服务指挥中心配网抢修指挥班。供电服务指挥中心配网抢修指挥班将 10kV 出线 L5 停电信息对外发布。故障处理停送电联系示例如图 4-12 所示。

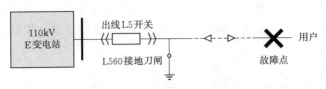

图 4 - 12　故障处理停送电联系示例

　　10kV 出线 L5 停送电联系人李某巡视发现 10kV 出线 L5 电缆被施工挖伤，申请将 10kV 出线 L5 开关停电接地进行故障处理。当值调控员根据现场情况拟写事故口令，并且下达口令给 10kV 出线 L5 开关运维操作人员，步骤如下：第一项，将出线 L5 开关由热备用转冷备用；第二项，合上出线 L560 接地刀闸。运维操作人员复述事故口令无误后执行操作。运维操作人员操作完毕后汇报当值调控员，当值调控员复诵无误后即为停电完成。

　　停电完成后，当值调控员与 10kV 出线 L5 停送电联系人李某联系，具体说明：10kV 出线 L5 开关停电接地状态，是否满足电缆故障处理条件。李某确认无误后回答：满足处理条件。当值调控员许可李某在故障地点各端验电接地做好临时安全措施开始工作并给出开工时间，10kV 出线 L5 故障处理开工完毕。

　　故障处理工作结束后，按照"谁处理谁负责"的原则，由 10kV 出线 L5 现场检修单位出具电缆试验报告，由停送电联系人李某确认无误后将电缆试验报告送达至所属供电公司后申请完工。停送电联系人李某与供电公司当值调控员联系完工具体会说明：10kV 出线 L5 故障处理全部结束，人员撤离工作现场，临时安全措施全部拆除，电缆试验合格，故障设备具备带电条件，申请送电。当值调控员复述以上内容并给出完工时间，10kV 出线 L5 故障处理工作结束。

　　故障处理完工后，当值调控员拟写送电事故口令，下达给 10kV 出线 L5 开关运维操作人员，步骤如下：第一项，拉开出线 L560 接地刀闸；第二项，将出线 L5 开关由冷备用转热备用；第三项，合上出线 L5 开关。运维操作人员复述事故口令无误后执行操作。运维操作人员操作完毕后汇报给当值调控员，当值调控员复诵无误后即为送电完成。送电完成后当值调控员将 10kV 出线 L5 恢复送电情况通知供电服务指挥中心配网抢修指挥班。供电服务指挥中心配网抢修指挥班发布相应的送电信息。

第五章 配电网用电接入的停送电联系

本章主要对客户用电接入的停送电联系业务进行了介绍，包括用电接入概述及办理指南、可开放容量管理等内容，以作为停送电联系人在协助用电客户办理用电接入、增容改造等业务时的指导，进而提高办电效率，提升客户"获得电力"指标，为客户提供卓越供电服务。

第一节 用 电 接 入 概 述

客户用电接入又称为业扩报装，简称业扩，是供电企业营销服务工作中的一个习惯术语。它的主要含义是：供电企业接受客户新增用电申请后，根据电网供应能力等实际情况，按照相关规定，为客户办理供电相关服务业务，以满足客户扩充用电的需求。业扩报装工作主要内容包括：客户业扩报装受理，收集客户用电需求的有关信息，并深入客户用电现场了解客户现场情况、用电规模、用电性质以及该区域电网的结构，进行供电可靠性和供电合理性的调查，然后根据客户的用电需求和现场调查情况以及电网运行情况制定供电方案。根据确定的供电方案，首先组织因业务扩充引起的供电设施新建、扩建工程的设计、施工、验收、启动；接着组织客户工程的设计、施工审查以及针对隐蔽工程进行施工的中间检查；最后组织客户工程的竣工验收。经验收合格后，供电企业负责与客户签订供用电合同，组织装表接电，并立即将客户的有关资料呈递相关部门以建立抄表、核算等账卡，最后建立客户的户务档案。进行日常的客户业扩报装受理是业扩报装的开始环节，该环节需要充分了解客户用电需求，明确双方后续工作职责及内容。随着通信和信息技术的发展，除采用传统的营业网点的柜台办理用电手续外，还可以用电话或网站等来受理用电报装业务，并逐步实现同城异地受理，大大方便了用电客户报装，按照业扩的最新要求，要加快"网上国网"APP 和 95598 网站等渠道的推广，引导客户线上办电，即时申请即时受理，第一时间进入系统管控流程。由此充分发挥供电服务指挥平台"互联网＋"线上业务办理、业扩全流程管控作用，推行业扩线上预约，平台受理线上预约后直接将工单派发至责任班组，实现线上线下无缝对接、全环节实时预警、服务资源及时调度、全流程跟踪督办等目标，进而全面提升客户需求响应速度。同时，为了便于后期报装业务办理，根据客户现供电电压等级和新增用电需求初步确定供电电压后，分为低压客户和高压客户报装业务进行正式受理。

第二节 可 开 放 容 量

为精简业扩报装手续，保障配电网安全运行，按照"安全第一、协同高效、服务客户"的原则，依据相关规程规定和国网公司有关要求，10kV配电网主干线新增业扩实行可开放容量管理，甚至部分省（自治区、直辖市）将可开放容量管理延伸至配变。

地市公司电力调度控制中心作为可开放容量的牵头方，负责组织修编配电网可开放容量管理办法，并监督、指导地市供电公司配电网调度运行管理和可开放容量计算管理工作。

一、可开放容量的计算管理

可开放容量的计算应综合考虑本电压等级设备最大允许载流量、上级电网设备承载能力、配网结构及转供方式、$N-1$原则、年度历史最大负荷、分布式电源接入和已批复的新增待接用电容量、电能质量等因素，并预留合理的安全裕度。

10kV配电网公用主干线路新增业扩可开放容量S的计算公式为：

$$S=\beta S_E-S_{max}-S_{JD}$$

式中：β为系数；S_E为设备允许载流容量；S_{max}为线路年度历史最大负荷；S_{JD}为已批复的新增待接用电容量。

（1）系数β的取值范围。

1）对于辐射线路，根据设备实际运行状况确定，β取值范围为0.8～0.9。

2）对于联络线路，根据10kV配网运行方式及设备实际运行状况确定，考虑$N-1$原则和互供负荷特性，β取值范围为0.5～0.9。

（2）设备允许载流容量S_E。

$$S_E=10\sqrt{3}I_E$$

式中：I_E为10kV主干线路的设备最大允许电流，应综合考虑开关、CT、架空线路、电缆等设备的允许载流量，并考虑环境温度校正系数及电缆敷设等因素，其取值由设备运维部门提供。

（3）线路年度历史最大负荷S_{max}。

$$S_{max}=10\sqrt{3}I_{max}$$

式中：I_{max}为10kV主干线路统计日之前一年内各小时整点最大电流，一般取自电网调度自动化系统正常整点采集值，并考虑线路负荷异动及负荷转供等运行方式因素。

（4）已批复的新增待接用电容量S_{JD}。S_{JD}为该10kV主干线路上已答复客户的供电方案所确认的用电容量，其取值由营销部门提供。

二、可开放容量发布要求

地市（县）公司调控中心应按月开展调管范围内10kV配电网可开放容量的计算分析与发布。在进行计算时，还应同时分析校核上级电网的承载能力，原则上10kV配电网实际可开放容量不应超过上级电网的安全输电能力。

每月月底前5个工作日，地市（县）公司营销、运检部门将次月可开放容量相关数据的计算结果提交相应调控中心。

每月月底之前，地市（县）调控中心应完成调管范围内次月可开放容量的计算、校核，并编制《国网××公司××××年××月10kV配电网主干线业扩可开放容量表》，经相关部门会签，地市（县）公司分管领导签发后发布执行。

在迎峰度夏、迎峰度冬等特殊运行时期，各地市（县）公司可根据自身情况，组织开展可开放容量的集中修编校核工作。

各相关部门应按职责分工，落实专人负责相关数据的统计、更新、分析、审核及报送工作。

新增业扩报装容量在发布的可开放容量之内，可直接开放容量接入。对于已无可开放容量，又急需业扩接入的用户，由地市（县）运检与营销部门组织会商，制定接入方案，经地市（县）分管领导批准后接入。

地市（县）公司调控中心应合理安排配网运行方式，减少可开放容量受限情况。并根据可开放容量计算校核结果及电网调控运行情况，对影响新增业扩可开放容量的受限设备信息开展统计和分析。

满足下列条件之一的设备，应列为影响新增业扩可开放容量的受限设备。列入业扩受限设备原则上不得再接入新增客户。

（1）10kV配网主干线路年历史最大负载率大于等于85%～90%的线路设备。其中

线路年历史最大负载率＝线路年度历史最大电流I_{max}/线路最大允许电流I_E×100%

（2）供电电压质量不满足要求的线路设备。

（3）可开放容量小于等于0的线路设备。

（4）限制业扩可开放容量的其他设备，包括35kV及以上电网的受限设备等。

地市（县）公司调控中心应按月开展调管范围内影响新增业扩可开放容量的受限设备的统计分析，并按相关要求编制受限设备信息表。县公司每月应按时将所属受限设备清单报送地市公司调控中心审核、汇总。

每月月底前，地市公司调控中心应完成本公司所属受限设备的审核、汇总，编制《国网××公司××××年××月影响新增业扩可开放容量的受限设备信息表》，并经相关部门会签，地市公司分管领导签发后发布。

针对在实际运行中电网的超过载情况，地市（县）公司调控中心应及时增补可开放容量受限设备清单。

针对发布的影响新增业扩可开放容量的受限设备信息，地市（县）公司应按照《业扩配套电网建设项目管理指导意见》启动电网改造及建设工作。10kV配电网公用主干线新增业扩可开放容量管理流程如图5-1所示。

第三节　客户用电接入流程

一、用电接入申请

1. 用电报装需提供的资料

用电报装必须提交以下材料：

（1）用电资料。用户向供电企业提交的用电资料，包括但不限于工程项目批准文件、报装用户的名称、用电地址、用电性质、用电设备清单、用电负荷、保安电力、用电规划、供电时间等。

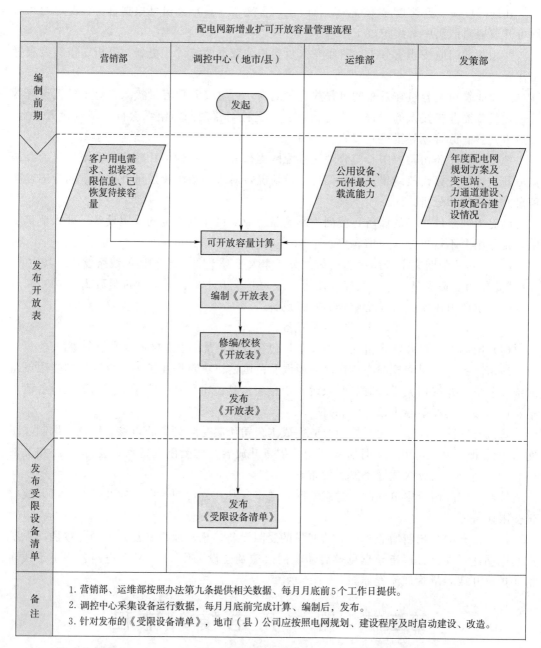

图 5-1 10kV 配电网公用主干线新增业扩可开放容量管理流程图

（2）用户的身份证明材料。用户（业主）身份证明材料主要证明其主体资格和名称。自然人用户必须是具有民事行为能力的自然人。不同种类用户的身份证明资料存在差异。用户的身份证明资料主要包括：

1）公司、企业类客户：企业法人营业执照、营业执照、组织机构代码证。

2）社会团体类客户：社团法人执照、组织机构代码证。

3）机关、事业单位以及其他组织类客户：上级单位（组建单位、主管单位等）证明

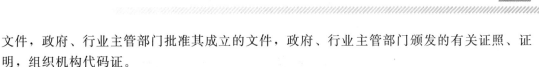

文件，政府、行业主管部门批准其成立的文件，政府、行业主管部门颁发的有关证照、证明，组织机构代码证。

4）居民用户：居民身份证、军人证、护照、驾驶证、户口本、港澳居民来往内地通行证等，外籍居民还须提供护照。

（3）经办人身份证明资料。经办人身份证明材料主要是证明经办人的主体资格和名称。经办人必须是具有民事行为能力的自然人。经办人身份证明材料主要是指居民身份证、军人证、护照、驾驶证、户口本、港澳居民来往内地通行证等。

（4）用户授权委托书。授权委托书在非自然人用户或者非单位法定代表人亲自办理用电报装时出具。用户出具的授权委托书一般应具有三个方面的内容：授权委托的权限、委托人和受托人的身份证明、授权委托的期限。

（5）用电地址的物业权属证明材料。用户提交用电地址的物业权属证明材料主要是证明用户对用电地址的权属，避免出现同一地址多次重复提交用电申请的情况发生。物业权属证明材料一般指：房地产权证、房产证、固有土地使用证、经房管部门备案的购房合同、含有明确房屋产权归属的且发生法律效力的法律文书（包括判决书、裁定书、裁决书、调解书等）、房管部门的租簿（如租用房屋凭证）。

2．用电申请

用户办理用电报装业务需要到供电企业的用电营业场所填写用电报装申请。供电企业应在用电营业场所公告办理各项用电业务的程序、制度和收费标准。对于用户的用电报装申请，供电企业没有法定事由不能拒绝受理。新建受电工程项目在立项阶段，用户应与供电企业联系，就工程供电的可能性、用电容量和供电条件等达成意向性协议，方可定址、确定项目。没有按照前述规定办理的，供电企业有权拒绝受理其用电报装申请。对于如因供电企业供电能力不足或政府规定限制的用电项目，供电企业可通知用户暂缓办理。

办理人员接收并查验客户资料是否齐全，证照是否有效。根据国家规定需办理环评报告、节能评估报告（登记表）、生产许可证的客户，若在申请阶段暂不能提供，可先行受理申请，并要求其在设计图纸文件审查前补齐（政策限制行业客户除外），若客户在往次业务办理过程已提交且尚在有效期内的资料，无须再次提供。

客户用电申请如具有非线性负荷并可能影响供电质量或电网安全运行，应委托有资质单位开展电能质量评估，并在竣工检验前提交初步治理技术方案和相关测试报告。

二、现场勘查及供电方案答复

现场勘查人员根据与客户预约的时间，组织开展现场勘查。现场勘查目的在于核实客户负荷性质、用电容量、用电类别等信息，结合现场供电条件，初步确定供电电源、计量、计费方案，并填写现场勘查单。勘查主要内容包括：

（1）对申请新装、增容用电的居民客户，应核定用电容量，确认供电电压、计量装置位置和接户线的路径、长度。

（2）申请新装、增容用电的非居民客户，应审核客户的用电需求，确定新增用电容量、用电性质及负荷特性，初步确定供电电源、供电电压、供电容量、计量方案、计费方案等。

（3）对拟定的重要电力客户，应根据国家确定重要负荷等级有关规定，审核客户行业范围和负荷特性，并根据客户供电可靠性的要求以及中断供电危害程度确定供电方式。

（4）对申请增容的客户，应核实客户名称、用电地址、电能表箱位、表位、表号、倍率等信息，检查电能计量装置和受电装置运行情况。

对现场不具备供电条件的，查勘人员将在勘查意见中说明原因，并向客户做好解释工作。客户现场如存在违约用电、窃电嫌疑等异常情况，勘查人员应做好现场记录，及时报相关职责部门，并暂缓办理该客户用电业务。在违约用电、窃电嫌疑排查处理完毕后重新启动业扩报装流程。

依据国家电网公司业扩供电方案编制有关规定和技术标准要求，根据现场勘查结果、电网规划、用电需求及当地供电条件等因素，经过技术经济比较、与客户协商一致后，拟定供电方案。方案内容包括：

（1）客户基本用电信息。包括户名、用电地址、行业、用电性质、负荷分级，核定的用电容量，拟定的客户分级。

（2）客户接入系统方案。包括供电电压等级，供电电源及每路进线的供电容量，供电线路及敷设方式要求，产权分界点设置。

（3）客户受电系统方案。包括受电装置的容量、无功补偿标准、客户电气主接线型式、运行方式、主要受电装置电气参数，并明确应急电源及保安措施配置，谐波治理、继电保护、调度通信要求。

（4）计量方案。包括计量点设置，电能计量装置配置类别及接线方式、计量方式、用电信息采集终端安装方案等。

（5）计费方案。包括用电类别、电价分类及功率因数考核标准等信息。

（6）告知事项。包括客户有权自主选择具备相应资质要求的电力设计、施工单位，以及设备材料供应商，注意事项等。对有受电工程的客户，应明确受电工程建设投资界面。

根据客户供电电压等级和重要性分级，供电方案审批推行网上会签或集中会审，并由营销部门统一答复客户。具体规定如下：

（1）0.4kV及以下电压等级供电的客户，直接开放负荷，由营销部（客户服务中心）直接编制供电方案并答复客户。

（2）35kV及以下高压客户，若在配网可开放容量范围内，由营销部（客户服务中心）编制供电方案（含接入系统方案），并组织网上会签。超出可开放容量范围的，由营销部（客户服务中心）委托经研院（所）编制供电方案（含接入系统方案），由营销部（客户服务中心）组织集中审查并答复客户。

（3）110（66）kV及以上电压等级供电的客户，由发展部组织经研院（所）对接入系统设计进行评审，同步出具供电方案，并将接入系统设计审查意见和供电方案提交营销部（客户服务中心），由营销部（客户服务中心）统一答复客户。

高压供电方案有效期1年，低压供电方案有效期3个月。供电方案变更，应严格履行审批程序，如由于客户需求变化造成方案变更，应书面通知客户重新办理用电申请手续。如果是由于电网的原因，应与客户沟通协商，重新确定供电方案后再答复客户。

供电方案答复期限：在受理申请后，低压客户在次工作日完成现场勘查并答复供电方案；10～35kV（可开放容量范围内）单电源客户不超过 15 个工作日，双电源客户不超过 20 个工作日；10～35kV（超出可开放容量）单电源客户不超过 15 个工作日，双电源客户不超过 25 个工作日；110kV 及以上单电源客户不超过 15 个工作日，双电源客户不超过 30 个工作日。

三、设计图纸文件审查

客户可自行委托设计单位开展设计工作，设计单位的资质应符合国家相关规定。如资料欠缺或不完整，客户应补充完善。各类用电审核重点如下。

（1）低压客户。电能计量和用电信息采集装置的配置应符合《电能计量装置技术管理规程》（DL/T 448—2000）、国家电网公司智能电能表以及用电信息采集系统相关技术标准。进户线缆截面、配电装置应满足电网安全及客户用电要求。

（2）高压客户。主要电气设备技术参数、主接线方式、运行方式、线缆规格应满足供电方案要求。继电保护、通信、自动装置、接地装置的设置应符合有关规程。进户线缆型号截面、总开关容量应满足电网安全及客户用电的要求。电能计量和用电信息采集装置的配置应符合《电能计量装置技术管理规程》、国家电网公司智能电能表以及用电信息采集系统相关技术标准。

（3）对于重要电力客户。自备应急电源及非电性质保安措施还应满足有关规程、规定的要求。

（4）有非线性阻抗用电设备（高次谐波、冲击性负荷、波动负荷、非对称性负荷等）的客户。应审核谐波负序治理装置及预留空间，电能质量监测装置是否满足有关规程、规定要求。

设计图纸文件审查合格后，应填写客户受电工程设计文件审查意见单，并在审核通过的设计图纸文件上加盖图纸审核专用章，告知客户下一环节需要注意的事项：

（1）因客户原因需要变更设计的，应填写《客户受电工程变更设计申请联系单》，将变更后的设计图纸文件再次送审，通过审核后方可实施。

（2）承揽受电工程施工的单位应具备政府部门颁发的相应资质的承装（修、试）电力设施许可证、建筑业企业资质证书、安全生产许可证。

（3）正式开工前，应将施工企业资质、施工进度安排报供电企业审核备案。工程施工应依据审核通过的图纸进行。隐蔽工程掩埋或封闭前，须报供电企业进行中间检查。

（4）受电工程竣工报验前，应向供电企业提供进线继电保护定值计算相关资料。

设计图纸审查期限：自受理之日起，低压客户不超过 1 个工作日；高压客户不超过 10 个工作日。

四、受电工程中间检查及竣工检验

受理客户受电工程中间检查报验申请后，应接受中间检查。发现缺陷的，客户及时整改。复验合格后方可继续施工。

（1）现场检查前，应提前与客户预约时间，告知检查项目和应配合的工作。

（2）现场检查时，应查验施工企业、试验单位是否符合相关资质要求，检查施工工艺、建设用材、设备选型等项目，并记录检查情况。

（3）对检查中发现的问题，应以书面形式一次性告知客户整改。客户整改完成后，应报请供电企业复验。复验合格后方可继续施工。

（4）中间检查合格后，以受电工程中间检查意见单的形式书面通知客户。

（5）对未实施中间检查的隐蔽工程，应书面向客户提出返工要求。

中间检查的期限，自接到客户申请之日起，高压供电客户不超过 5 个工作日。

受电工程竣工检验前，营销部门牵头组织运检、调控等部门，做好接电前受电设施接入电网的准备和进线继电保护的整定、检验工作。

受理客户提交的竣工报验申请，应审核材料是否齐全有效，与客户预约检验时间，组织相关单位开展竣工检验工作。

竣工检验时，应按照国家和电力行业标准、规程及客户竣工报验资料，营销部门牵头组织运检、调控等部门，对受电工程进行全面检验。对于发现缺陷的，应以受电工程竣工检验意见单形式一次性告知客户，复验合格后方可接电。

（1）竣工检验前，应提前与客户预约时间，告知竣工检验项目和应配合的工作，组织相关人员开展竣工检验工作。

（2）竣工检验范围应包括：计量装置、工程施工工艺、建设用材、设备选型、相关技术文件及安全措施。

（3）检验重点项目应包括：线路架设或电缆敷设；高、低压盘（柜）及二次接线检验；继电保护装置及其定值；配电室建设及接地检验；变压器及开关试验；环网柜、电缆分支箱检验；中间检查记录；电力设备入网交接试验记录；运行规章制度及入网工作人员资质检验；安全措施检验等。

（4）对检查中发现的问题，应以书面形式一次性告知客户整改。客户整改完成后，应报请供电企业复验，复验合格后方可接电。

（5）竣工检验合格后，应根据现场情况最终核定计费方案和计量方案。记录资产的产权归属信息，告知客户检查结果，并及时办结受电装置接入系统运行的相关手续。

竣工验收的期限，自受理之日起，高压客户不超过 5 个工作日。

五、客户设备送电投运

1. 收费及合同签订

供电公司按照价格主管部门批准的项目、标准计算业务费用，经审核后书面通知客户交费。收费时应向客户提供相应的票据。

供电公司与客户协商拟订合同内容，形成合同文本初稿及附件。对于低压居民客户，精简供用电合同条款内容，采取背书方式签订合同。

对于高压供用电合同，实行分级管理，由具有相应管理权限的人员进行审核。对于重要客户或者对供电方式及供电质量有特殊要求的客户，采取网上会签方式，经相关部门审核会签后形成最终合同文本。

供用电合同文本经双方审核批准后，由双方法定代表人、企业负责人或授权委托人签订，合同文本应加盖双方的"供用电合同专用章"或公章后生效；如有异议，由双方协商一致后确定合同条款。利用密码认证、智能卡、手机令牌等先进技术，推广应用供用电合同网上签约。

2. 设备投运

对于用电客户设备的新投，为了确保现场送电的安全可靠，一般应采用现场投运的形式，对于10kV的设备，由配网调控中心调控专责或配调班长组织开展现场验收，调控员现场验收无误后开展启动投运。其他各电压等级设备投运遵照当级调度机构规则执行验收。

设备投运前，必须进行设备验收。如果发现投运设备存在缺陷，达不到投运条件，应终止送电工作，书面通知客户进行整改消缺，缺陷消除后并经验收合格后方能送电。客户方电气负责人应在设备投运前认真检查设备状况，如发现设备投运现场清理不到位，临时安全措施未拆除等情况，应及时清理，拆除临时安全措施，直至达到送电条件。

所有高压受电工程送电前，必须明确停送电联系人和设备投运现场负责人，由停送电联系人与值班调控员进行联系，由现场负责人组织各相关专业人员参加，成立设备投运工作小组，现场完成设备投运工作。同时，现场负责人应组织开展安全交底和安全检查，依据业扩工程投运启动方案明确人员职责和分工，各分工人员分别落实相关安全措施并向负责人确认设备是否具备投运条件。

投运手续不完整的，必须补齐手续，经检验合格后方可对客户受电工程送电。对未经竣工检验或投运手续不完整即私自接电的客户工程，必须立即采取停电措施，严肃处理有关责任人和责任单位。按照业扩报装手续重新办理业扩报装竣工报验手续，不留安全隐患，杜绝装置性违章现象。

双电源客户在送电前，必须检查客户自备应急电源或备用电源是否有向电网反送电的可能。如果存在反送电的风险，客户自备应急电源或备用电源与电网电源之间必须正确安装切换装置和可靠的联锁装置，确保在任何情况下，不并网的自备应急电源均无法向电网倒送电。

3. 装表接电

电能计量装置和用电信息采集终端的安装应与客户受电工程施工同步进行，送电前完成。

现场安装前，应根据审核通过后的设计图纸文件确认安装条件，领取智能电能表及互感器、采集终端等相关器材，并提前与客户预约装表时间。

采集终端、电能计量装置安装结束后，应核对装置编号、电能表初始度数及变比等重要信息，及时加装封印，记录现场安装信息、计量印证使用信息，请客户签字确认。

根据客户意向接电时间及工程施工进度，营销部门按周申报停（带）电接引计划，调度部门对计划优化调整，确保满足快速接电要求。在具备条件的地区，优先采用业扩带电接引。对于不具备带电作业条件的，优化停电计划，实现停电计划与客户业扩工程建设进度合理衔接。

正式接电前，完成接电条件审核，并对全部电气设备做外观检查，确认已拆除所有临时电源，并对二次回路进行联动试验，抄录电能表编号、主要铭牌参数、止度数等信息，填写电能计量装接单，并请客户签字确认。

接电条件包括：启动送电方案已审定，新建的供电工程已验收合格，客户的受电工程已竣工检验合格，供用电合同及相关协议已签订，业务相关费用已结清。

接电后应检查采集终端、电能计量装置运行是否正常，会同客户现场抄录电能表示数，记录送电时间、变压器启用时间等相关信息，依据现场实际情况填写新装（增容）送电单，并请客户签字确认。

装表接电的期限，对于无外线工程的低压居民客户，在正式受理用电申请后，3个工作日内完成装表接电工作。对于有外线工程的低压居民客户，在受理用电申请后5个工作日内完成装表接电。对于无外线工程的低压非居民客户，在正式受理用电申请后，4个工作日内完成装表接电工作。对于有外线工程的低压非居民客户，在受理用电申请后8个工作日内完成装表接电。对于高压客户，在竣工验收合格，签订供用电合同，并办结相关手续后，5个工作日内完成送电工作。对于客户有特殊要求的，按照与客户约定的时间装表接电。

业扩新装、增容业务流程如图5-2所示。

六、其他注意事项

1. 一般客户报装的注意事项

单位报装用电，除按要求向供电企业提供用电报装需提供的一般资料，并按供电企业的要求填写用电业务申请单外，提供资料时还应注意：

（1）低压用电报装申请，属政府监管项目的应提供政府职能部门有关本项目立项的批复文件。

（2）高压用电报装必须具备的资料包括：

1）对高耗能等特殊行业客户，必须提供环境评估报告、生产许可证等。

2）政府职能部门有关本项目立项的批复文件。

3）建筑总平面图、用电设备明细表、变配电设施设计资料、近期及远期用电容量。

4）设计资质证原件。

5）承装（修、试）电力设施许可证原件。

6）专业技术人员的技术任职资格证书复印件。

7）在册进网作业电工证（高压、低压、特种）复印件。

（3）实际用电地址与营业执照登记住所不一致，且不能提供用电地址物业权属证明的，应按租赁经营户报装办理。

新成立的企业，若企业法人营业执照尚未办妥，但急需用电的，可以公司发起人（股东）的名义报装。但应采用预购电方式或提供担保方式用电。

公司投资人与其所投资的公司、开办的企业在法律上是相对独立的主体，被投资公司、开办的企业一旦经工商登记机关核准登记，其即具有以自己名义对外从事民事法律行为的资格。因此，合同的主体应为被投资公司、开办的企业。如果与公司投资人签订供用电合同，则用电方成了公司投资人，合同仅对公司投资人有约束力，显然这两者存在着明显的区别。

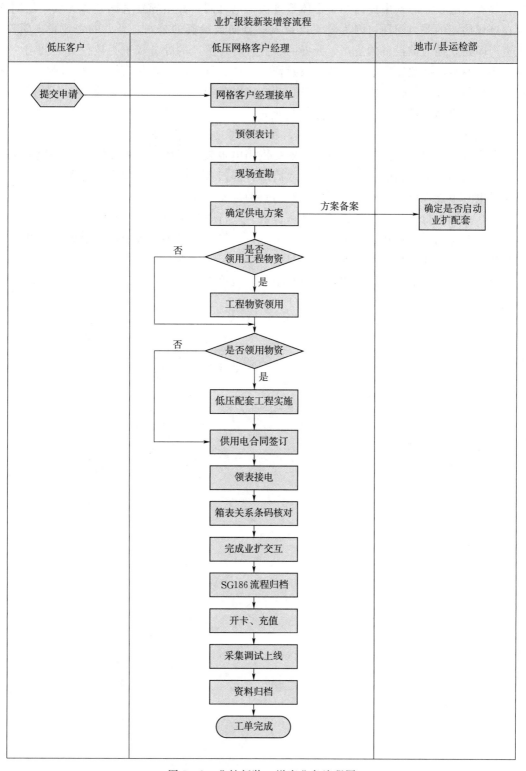

图 5-2　业扩新装、增容业务流程图

尽管供电企业与其中任何一个主体签订供用电合同，并不导致合同整体无效，但同样存在产权约定的效力问题，因为公司投资人一旦向被投资的公司、开办的企业投入资产，该资产即独立地为被投资的公司、开办的企业所有，资产的处分权也为被投资的公司、开办的企业所有。因此，供电企业应与被投资的公司、开办的企业签订供用电合同为宜。被投资的公司、开办的企业成立后，供电企业应将以公司投资人名义报装的用电人按照用电变更程序变更为被投资的公司、开办的企业。

2. 居民用户（自然人、个体工商户、农村承包户）报装注意事项

业主报装用电，除按要求向供电企业提供用电报装需提供的一般资料外，还应注意：

（1）采用按揭方式购房的，由于经政府房管部门备案的购房合同由银行保存，在办理报装用电时不能提供原件的，应提供银行出具的证明。

（2）采用银行储蓄划扣电费的，还须提供开户行账号。

（3）低压动力用户还须提供详细用电地址，上级主管机关。政府规定限制的用电项目用户还须提供城建、环卫部门的批复意见。

农村承包户用电，既可按租赁经营户报装，也可按业主（产权人，一般为当地村民委员会）报装。

第六章 配网停送电联系相关业务

停送电联系人除需了解相关法律法规、配电网相关知识、配电网调度相关知识外，在开展停送电联系时，还需掌握其他与停送电联系相关的业务，包括 95598 报修、停送电信息报送、有序用电、重大保电等相关业务，扩展停送电联系知识面。通过对本章的学习，停送电联系人不仅可以多渠道获取信息，还能掌握相关业务的要求和流程，为更好开展工作和服务用户提供支撑。

第一节 95598 报修业务

95598 是全国电力系统公用的服务热线，是重要的服务窗口。国家电网有限公司客户服务中心（以下简称"国网客服中心"）通过统一的 95598 电话热线、95598 服务网站等渠道，受理信息查询、业务咨询、故障报修、投诉、举报、建议、意见、表扬、服务申请等工单业务。

一、95598 故障报修

1. 95598 故障报修简介

95598 故障报修工单是指国家电网公司客户服务中心（以下简称"国网客服中心"）或各省客服中心通过 95598 电话、网站等渠道受理的故障停电、电能质量或存在安全隐患须紧急处理的电力设施故障诉求业务工单。

故障报修类型有一级分类 6 类，二级分类 19 类，三级分类 110 类。一级分类分为高压故障、低压故障、电能质量故障、用户内部故障、非电力故障、计量故障 6 类。

（1）高压故障是指电力系统中高压电气设备（电压等级在 1kV 及以上）的故障，主要包括 35kV 及以上输变电设备、高压架空线路、高压电缆线路、变压器、配电站房设备（含分支箱、环网柜、开关柜）。

（2）低压故障是指电力系统中低压电气设备（电压等级在 1kV 以下）的故障，主要包括低压架空线路、低压电缆线路、低压设备（低压开关柜、分支箱、综合配电箱）。

（3）电能质量故障是指由于供电电压、频率等方面问题导致用电设备故障或无法正常工作，主要包括供电电压、频率存在偏差或波动、谐波等。

（4）用户内部故障是指产权分界点用户侧的电力设施故障，包括居民用户内部故障和非居民用户内部故障。

（5）非电力故障是指供电企业产权的供电设施损坏但暂时不影响运行、非供电企业产权的电力设备设施发生故障、非电力设施发生故障等情况，主要包括客户误报、紧急消缺。

（6）计量故障是指计量设备、用电采集设备故障，主要包括高压计量设备、低压计量设备、用电信息采集设备故障等。

2. 95598 故障报修工单流程

95598 故障报修工单的处理流程：国网客服中心受理客户故障报修业务后，直接派单至地市供电服务指挥中心，由供电服务指挥中心开展接单、故障研判和抢修派单等工作。在抢修人员完成故障抢修后，具备条件的单位由抢修人员填单，供电服务指挥中心审核后回复故障报修工单；不具备条件的单位，暂由供电服务指挥中心填单并回复故障报修工单。国网客服中心根据报修工单的回复内容，回访用户。

（1）工单接派。供电服务指挥中心应在国网客服中心下派工单后 3 分钟内完成接单或退单，对故障报修工单进行故障研判和抢修派单。

（2）工单合并。故障报修工单流转的各个环节均可以进行工单合并。合并后，指定一张工单作为主工单，其余工单作为子工单。为保证故障报修工单流程闭环，提高客户满意率，合并后的故障报修工单处理完毕后，主、子工单均需回访。

（3）抢修处理。抢修处理包括抢修人员接单或退单、到达现场、故障处理、回复工单等环节。各单位抢修人员应在指挥中心派发工单后规定时间内完成接单或退单。

（4）用户催办。用户催办即国网客服中心应客户要求，对正在处理中的业务工单进行催办。抢修类催办业务，国网客服中心应做好解释工作，并根据客户诉求派发催办工单。

（5）审核回单。供电服务指挥人员审核抢修人员回填的工单。供电服务指挥中心根据抢修人员回填的工单在 30 分钟内完成审核，审核不通过，将不通过原因回退抢修人员重新回填，审核通过提交至上级派发单位。

报修工单处理流程图如图 6-1 所示。

3. 95598 报修工单时限要求

国网客服中心工作人员在受理工单后 2 分钟内完成工单下派或办结，指挥中心在 3 分钟内完成接单或退单，同时对故障报修工单进行故障研判和抢修派单。抢修人员接到工单后对于本部门职责范围的工单，回退至派发单位并详细注明原因。

抢修人员到达故障现场时限应符合：城区范围不超过 45 分钟；农村地区不超过 90 分钟；特殊边远山区不超过 120 分钟。

二、95598 一般诉求业务

95598 一般诉求业务来源于 95598 热线电话、12398 监督热线、当地媒体、政府部门、社会联动或上级部门的信息查询、业务咨询、举报、建议、意见、表扬、服务申请、投诉等客户服务事件。通过营销 95598 系统开展工单录入、派单、归档、回访工作。国网客服中心受理客户诉求后，可以答复的，直接答复并办结，不能办结的，派单至相应的供电服务指挥中心，由各指挥中心分派至对应的处理班组。班组根据客户诉求处理工单，指挥中心审核后回单，再由国网客服中心完成客户回访工作。

1. 信息查询

国网客服中心通过 95598 电话自助语音、95598 网站等自助查询方式向客户提供信息

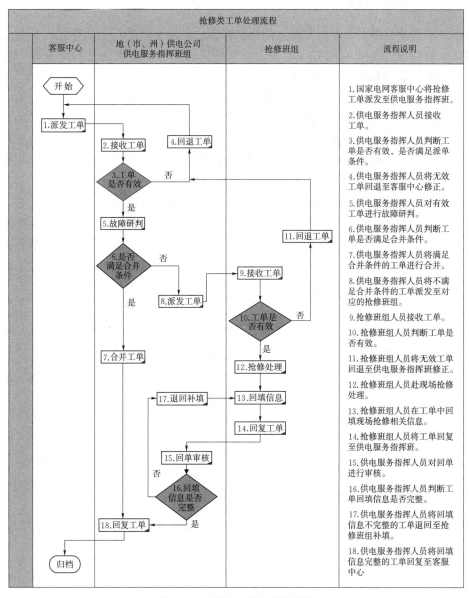

图 6-1　报修工单处理流程图

查询服务。国网客服中心，供电服务指挥中心，地市、县供电企业按照要求收集、维护、整理相关信息（停电信息、电量电费等），并及时做好信息报送工作。

2. 业务咨询

业务咨询是指客户对各类供电服务信息、业务办理情况、电力常识等问题的业务询问。咨询内容主要包括计量装置、停电信息、电费抄核收、用电业务、用户信息、法规制度、服务渠道、新兴业务、电网改造、企业信息、用电常识、特色业务等。

国网客服中心受理客户咨询诉求后，未办结业务 20 分钟内派发工单。供电服务指挥中心，地市、县供电企业应在国网客服中心受理客户诉求后 4 个工作日内进行业务处理、审核并反馈结果，国网客服中心应在接到回复工单后 1 个工作日内回复客户。

3. 举报、建议、意见

举报是指客户对供电企业内部存在的徇私舞弊、吃拿卡要等行为或外部人员存在的窃电、破坏和偷窃电力设施等违法行为进行检举的诉求业务,主要包括行风廉政、违章窃电、违约用电、破坏和偷窃电力设施等。

建议是指客户对供电企业在电网建设、供电服务、服务质量等方面提出积极的、正面的、有利于供电企业自身发展的诉求业务。

意见是指客户对供电企业在供电服务、供电业务等方面存在不满而提出的诉求业务。

国网客服中心受理客户举报、建议和意见业务诉求后,20分钟内派发工单。供电服务指挥中心,地市、县供电企业应在国网客服中心受理客户诉求后9个工作日内处理、答复客户并审核、反馈处理意见。对于举报工单,国网客服中心应在接到回复工单后1个工作日内回访客户。对于建议和意见工单,国网客服中心应在接到回复工单后1个工作日内回复客户。

行风类及其他非营销类业务由各单位营销部及时转交相关管理部门办理,承办部门要按照对外服务的承诺时限要求,提前1个工作日反馈本单位营销部,由营销部回复工单。

对于行风类举报,国网客服中心派发工单后及时报告国网监察局。

4. 表扬

表扬是指客户对供电企业在优质服务、行风建设等方面提出的表扬请求业务。

国网客服中心受理客户表扬诉求后,未办结业务20分钟内派发工单,处理部门应根据工单内容核实表扬。

5. 服务申请

服务申请是指客户向供电企业提出协助、配合或需要开展现场服务的诉求业务。

国网客服中心受理客户服务申请诉求后,20分钟内派发工单。供电服务指挥中心,地市、县供电企业应在国网客服中心受理客户诉求后在规定的时限内处理、答复客户并审核、反馈处理意见,国网客服中心应在接到回复工单后1个工作日内回访客户。

95598一般诉求业务工单处理流程如图6-2所示。

三、投诉业务

供电服务投诉是指公司经营区域内(含控股、代管营业区)的电力客户,在供电服务、营业业务、停送电、供电质量、电网建设等方面,对由于供电企业责任导致其权益受损表达不满,要求维护其权益而提出的诉求业务(以下简称"客户投诉")。

客户投诉包括服务投诉、营业投诉、停送电投诉、供电质量投诉、电网建设投诉5类。

(1)服务投诉指供电企业员工服务行为不规范、公司服务渠道不畅通、不便捷等引发的客户投诉,主要包括员工服务态度、服务行为规范(不含抢修、施工行为)、窗口营业时间、服务项目、服务设施、公司网站管理等方面。

(2)营业投诉指供电企业在处理具体营业业务过程中存在工作超时限、疏忽、差错等引发的客户投诉,主要包括业扩报装、用电变更、抄表催费、电费电价、电能计量、业务收费等方面。

(3)停送电投诉指供电企业在停送电管理、现场抢修服务等过程中发生服务差错引发的客户投诉,主要包括停送电信息公告、停电计划执行、抢修质量(含抢修行为)、增值

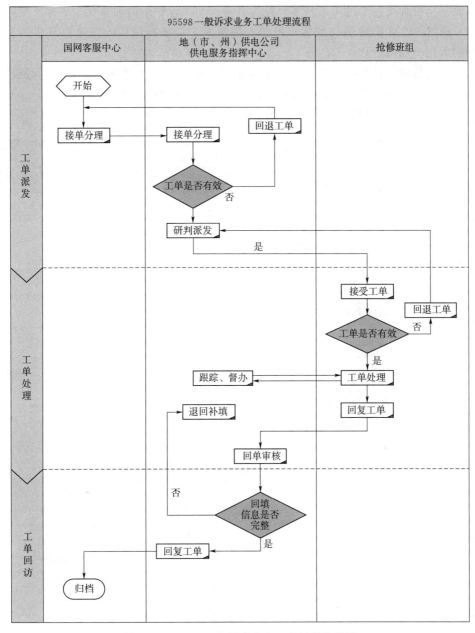

图 6-2　95598 一般诉求业务工单处理流程图

服务等方面。

（4）供电质量投诉指供电企业向客户输送的电能长期存在电压偏差、频率偏差、电压不平衡、电压波动或闪变等供电质量问题，影响客户正常生产生活秩序引发的客户投诉，主要包括电压质量、供电频率、供电可靠性等方面。

（5）电网建设投诉指供电企业在电网建设（含施工行为）过程中存在供电设施改造不彻底、电力施工不规范等问题引发的客户投诉，主要包括输配电供电设施安全、电力施工行为、供电能力、农网改造、施工人员服务态度及规范等方面。

按照客户投诉受理渠道，可将客户投诉分为 95598 客户投诉和非 95598 客户投诉。

（1）通过 95598 渠道受理的客户投诉，按照 95598 客户投诉处理流程和投诉分级原则，分别由相关部门处理。

（2）通过信函、营业厅等非 95598 渠道受理的投诉，由受理部门按照投诉分级原则，逐级向投诉归口管理部门上报，并由相关部门按投诉分级的原则处理。

投诉类工单处理流程如图 6-3 所示。

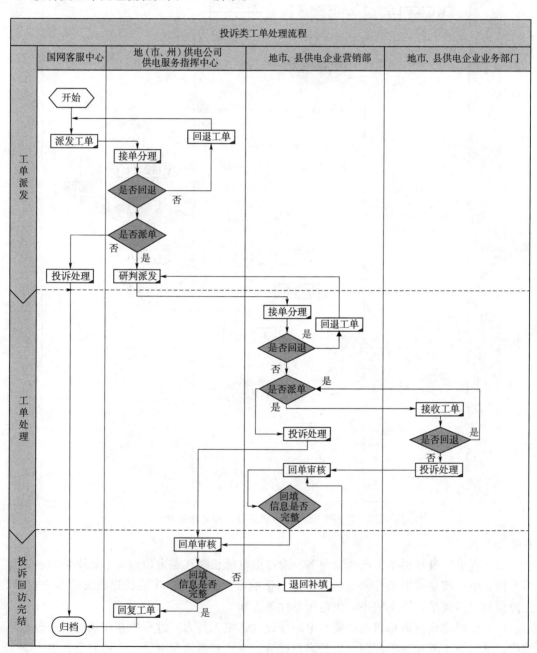

图 6-3　投诉类工单处理流程图

四、业扩全流程管控

　　停送电联系人有必要掌握在业扩申请各个环节供电公司管控所做的工作，以便于为用户提供咨询。供电服务指挥中心负责依托业扩全流程实时管控平台进行电网资源信息公开、供电方案备案会签、接入电网受限整改、电网配套工程建设、停送电计划安排等线上协同流转环节的实时预警、协调催办；负责监控高压新装与增容平均办电时间，以及供电方案答复、设计文件审核、中间检查、竣工检验、装表接电环节的时长；负责监控结存情况、永久减容销户情况和变化趋势，暂停及暂停恢复的用户及容量构成情况和变化趋势；负责监控高压业扩时间异常情况；负责分析新装、增容、减容、暂停等业务的客户满意度、不满意原因、定位影响客户体验的主要问题；负责分析高压新装、增容业务整体平均时长变化趋势，内部协同情况，配套工程执行进度，评价业务成效，挖掘影响工作效率的主要环节和因素；负责分析高压新装、增容和减容销户情况，掌握新装增容、减容销户的用户及容量构成情况和变化趋势。

　　业扩全流程管控工作流程如图6-4所示。

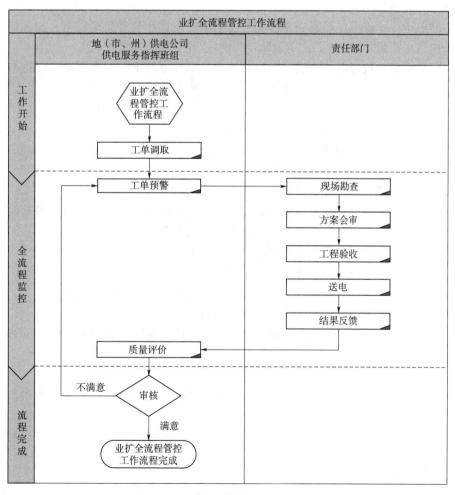

图6-4　业扩全流程管控工作流程图

第二节　停送电信息报送业务

95598 停送电信息（以下简称"停送电信息"）是指因各类原因致使用户正常用电中断，需及时向国网客服中心报送的信息。停送电信息主要分为生产类停送电信息和营销类停送电信息。生产类停送电信息主要包括计划停电、临时停电、电网故障停限电、超电网供电能力停限电等。营销类停送电信息包括违约停电、窃电停电、欠费停电、有序用电等。本节的停送电信息均是指生产类停送电信息。

变压器属性为公用变压器及以上的设备相关停送电信息，须报送至 95598 业务支持系统。

一、停送电信息报送规范

生产类停送电信息应填写的内容有：供电单位、停电类型、停电区域（设备）、停电范围、停送电信息状态、停电计划时间、停电原因、现场送电类型、停送电变更时间、现场送电时间、发布渠道等信息。

（1）供电单位。停送电信息中涉及用户所属供电单位，若有交叉供电，相关供电单位均要录入停送电信息。

（2）停电类型。按停电分类进行填写，主要包括计划停电、临时停电、电网故障停限电、超电网供电能力计划停限电、超电网供电能力临时停限电等类型。

（3）停电区域（设备）。停电涉及的供电设施（设备）情况，即停电的供电设施名称、供电设施编号、变压器属性（公变/专变）等信息。

（4）停电范围。停电的地理位置、涉及的高危及重要用户、专变用户、医院、学校、乡镇（街道）、村（社区）、住宅小区等信息。

（5）停送电信息状态。分有效和失效两类。

（6）停电计划时间。包括计划停电、临时停电、超电网供电能力停限电开始时间和预计结束时间，故障停电包括故障开始时间和预计故障修复时间。

（7）停电原因。指引发停电或可能引发停电的原因。

（8）现场送电类型。包括全部送电、部分送电、未送电。

（9）停送电变更时间。指变更后的停电计划开始时间及计划送电时间。

（10）现场送电时间。指现场实际恢复送电时间。

（11）发布渠道。停送电信息发布的公共媒体。具体包括：①国家电网 95598 智能网站；②掌上电力 APP 停电公告专栏；③当地发行量较大的报刊；④属地公司电力市场营销市场通过现场送达、传真和微信等方式将停电通知书发至当地政务相关网站、电视台和微信号等多种公共平台，由市政微信公众号、微信小程序等通过短信、微信群等新媒体渠道发布。

停送电联系人掌握停送电信息报送规范和各种发布渠道，以便于对用户进行解释。

二、时限规定

供电设施计划检修停电应提前 8 天，临时性日前停电应提前 24 小时，其他临时停电应提前1小时完成停送电信息报送工作。

（1）配电网自动化系统覆盖的设备跳闸停电后，营配（营业和配电）信息集成系统融合完成的单位，供电服务指挥中心在15分钟内向国网客服中心报送停电信息。

（2）营配信息集成系统融合未完成的单位，各部门按照专业管理职责10分钟内编译停电信息报供电服务指挥中心，供电服务指挥中心应在收到各部门报送的停电信息后10分钟内汇总报国网客服中心。

（3）配电自动化系统未覆盖的设备跳闸停电后，应在抢修人员到达现场确认故障点后，各部门按照专业管理职责10分钟内编译停电信息报送供电服务指挥中心，供电服务指挥中心应在收到各部门报送的停电信息后10分钟内汇总报国网客服中心。

（4）超电网供电能力需停电时，原则上应提前报送停限电范围及停送电时间，无法预判的停电拉路（即拉停线路）应在执行后15分钟内报送停限电范围及停送电时间。现场送电后，应在10分钟内填写送电时间。

（5）停送电信息内容发生变化后10分钟内，供电服务指挥中心应向国网客服中心报送相关信息，并简述原因；若延迟送电，应至少提前30分钟向国网客服中心报送延迟送电原因及变更后的预计送电时间。

（6）对客户因窃电、违约用电、欠费等原因实施的停电，地市、县供电企业营销部门应及时在营销业务应用系统中维护停电标志。

（7）省公司按照省级政府电力运行主管部门的指令启动有序用电方案，提前1天向有关用户发送有序用电指令。同时，以省公司为单位将有序用电执行计划（包括执行的时间、地区、调控负荷等）报送国网客服中心。

关于报送时限尤其要注意以下几点：

（1）计划、临时停电未能按期开始停电或送电的，停电超过预计时间30分钟后应及时上报供电服务指挥中心备注原因和预计时间，以便供电服务指挥中心尽快录入系统供国网客服中心查询解释。

（2）不能按计划时间预计送电应至少提前1个小时上报供电服务指挥中心备注原因和预计送电时间。

生产类停送电信息报送流程见图6-5。

三、投诉业务相关知识

（一）国网客服中心投诉工单受理原则

1. 客户有投诉意愿

（1）客户有投诉意愿，且客户描述问题属于投诉分类细则所列投诉项的，派发投诉工单。

（2）客户有投诉意愿，但客户反映问题不属于投诉分类细则所列投诉项的，应依据国家有关法律、文件、政策、规定以及国网公司有关对外服务承诺和知识库中内容做好客户的解释工作，并按照95598业务分类原则派发相应工单。

2. 客户无投诉意愿

客户无投诉意愿，但反映问题符合投诉分类细则所列投诉项的，派发投诉工单。

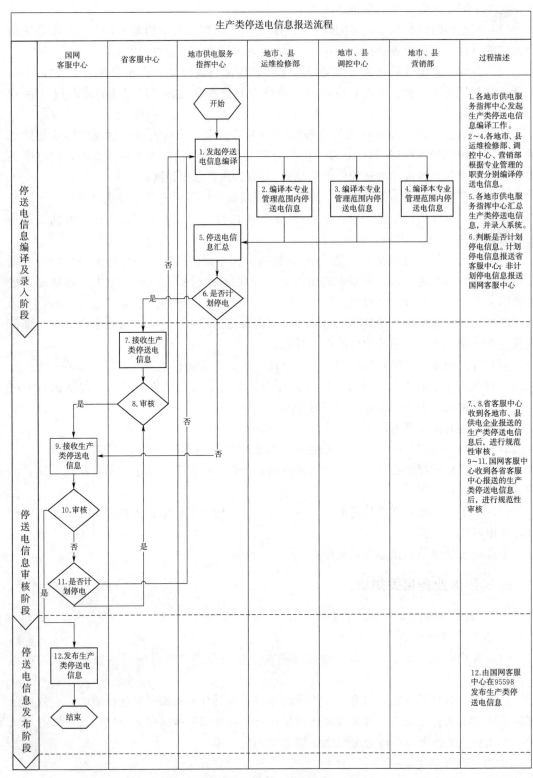

图 6-5 生产类停送电信息报送流程图

不以客户意愿作为分类派发依据，按照业务受理规则派发工单。

（二）停送电投诉类型

停送电投诉分为 4 个二级分类，9 个三级分类，具体见表 6-1。

表 6-1　　　　　　　　　　　停送电投诉分类

一级分类	二级分类	三级分类	分　类　定　义
停送电投诉	停送电信息公告	停送电信息报送及时性	反映未公告停送电信息或未按时限公告停送电信息的问题
		停送电信息公告准确性	反映公告的停电区域、停电原因等不准确的问题
	停电问题	无故停电	反映没有明确原因，对客户实施中止供电的问题
		未按停电计划停送电	反映未按公告的停电计划实施，变更停电计划未履行手续的，出现提前停电、延迟停电、延迟送电、提前送电等问题
	抢修服务	超时限	反映故障抢修过程中到达现场时间超时的问题
		抢修质量	反映故障抢修工作结束后或抢修人员离开现场后，故障现象仍存在、故障未修复或抢修不彻底（影响客户用电）等问题
		抢修人员服务态度	反映抢修人员存在以下行为的服务态度问题：如威胁客户、与客户发生争吵、对客户态度差、冷漠等
		抢修人员服务规范	反映抢修人员违反员工服务规范等有关规定的问题
	增值服务	有偿服务	反映工作人员提供的有偿服务不规范、对服务质量不满意的问题

四、停送电联系导致的投诉案例

【案例】　停电信息发生变更后未按流程上报。

1. 案例提要

××市××县××小区某客户反映该小区张贴了关于 1 月 5 日 09：00 至 16：00 计划停电通知，但未按公告时间恢复送电，并且一直没有工作人员通知停电需要延迟，给客户生活生产带来很大不便，表示非常不满。

2. 案例分类

停送电投诉类—停送电信息公告—停送电信息公告准确性。

3. 事件过程

经调查，客户所在的××小区由 10kV ××线供电。因××供电公司需对 10kV ××线××用户设备维护，20××年 1 月 3 日，停送电联系人申请并确定 20××年 1 月 5 日 09：00 至 16：00 对 10kV ××线进行停电，××供电所接到停电通知后将停电信息通知了辖区用户。停电当天，由于工作量大，导致施工工作无法按时完成，需要延长至当天 22 点结束。因停送电联系人未及时将现场情况反馈给值班调控员，直至工作结束时间到达前，值班调控员提前主动联系停送电联系人，停送电联系人才去了解情况，导致值班调控员未及时通知更新维护停电信息，相关工作人员也无法将延迟送电信息通知辖区用户，造成客户投诉。

4. 暴露问题

（1）该供电公司在停送电信息报送管理方面存在失职，停送电联系人未按要求提前了解现场工作进度和将延迟送电情况反馈至调度，造成调度人员未能及时通知配网抢修指挥人员在系统内对停送电信息进行更新维护，信息无法及时对外发布，是造成此次投诉的主要原因。

（2）该停送电联系人未合理评估检修工作量，检修工时安排不足，导致送电延时。

第三节　有序用电业务

本节主要介绍有序用电相关业务，可了解用户停电原因和启动有序用电的可能，协助用户提前做好相关应急处置预案。

一、有序用电方案简介

有序用电是指在各级政府主导下，以电网企业为实施主体，在电力供应不足、突发事件等情况下，通过行政措施、经济手段、技术方法，依法控制部分用电需求，强化用电管理，维护平稳的供用电秩序，将电力供需矛盾给社会带来的不利影响降至最低程度的管理活动。

有序用电工作应将电网安全放在首位，优化有序用电方案，确保居民生活、农业生产、重点客户用电，根据国家产业政策，按照先错峰、后避峰、再限电、最后拉路的顺序安排有序用电。

有序用电工作应遵循政府主导、统筹兼顾、安全稳定、有保有限、注重预防、节控并举的原则。

二、有序用电方案编制

供电公司应积极配合各级政府电力运行主管部门开展有序用电管理工作，认真落实并履行有序用电管理重要实施主体职责，指导电力用户实施有序用电措施。

有序用电方案包括应对全网电力供需紧张、局部地区电力供需紧张的各种措施。调控机构调控机构应会同营销部门编制本地区超负荷限电拉闸序位表、事故拉闸限电序位表，以保证在电力供应紧张、紧急事故等情况下能对所辖电网负荷进行有效的控制。

拉闸限电序位表应每年依据本地区电网变化进行修订，排除党政机关、军区、医院、化工等高危重要用户，按照分区、轮换、上下午时段分别拉限的原则，保证拉限线路分散，拉限负荷量均衡。

各级调控机构编制拉闸序位表应经市经济和信息化委员会批准，并报上级调度备案。营销部门应将批准后的避峰应急预案报本级调控机构，并应发挥负荷控制装置在有序用电工作中的作用，努力实现限电不拉路。

有序用电方案编制原则：

（1）供需平衡、留有裕度。

（2）统筹兼顾、有保有限。

（3）节能降耗、移峰填谷。

（4）先错峰、后避峰、再限电，最后拉路。

有序用电常规方案中指标应分四级：

（1）Ⅰ级：最大限电负荷指标不小于预计最大用电负荷的30%，且不小于预测最大电力缺口。

（2）Ⅱ级：最大限电负荷指标不小于预计最大用电负荷的20%。

（3）Ⅲ级：最大限电负荷指标不小于预计最大用电负荷的10%。

（4）Ⅳ级：最大限电负荷指标不小于预计最大用电负荷的5%。

有序用电方案得到政府批准后，供电公司应采取多种方式组织有序用电方案的演练，对有序用电工作人员及客户的用电管理人员进行培训和宣传，确保有序用电方案启动后能及时得到落实。

三、有序用电方案实施

供电公司应主动配合政府通过电视、报纸、广播、网络等渠道开展有序用电预警信息发布工作。

按照电力或电量缺口占当期最大用电需求比例的不同，预警信号分为4个等级：

Ⅰ级：特别严重（红色、缺口占比20%以上）。

Ⅱ级：严重（橙色、缺口占比10%～20%）。

Ⅲ级：较重（黄色、缺口占比5%～10%）。

Ⅳ级：一般（蓝色、缺口占比5%以下）。

供电公司应做好有序用电的宣传解释工作，争取社会各界的理解和支持。指导帮助客户编制内部负荷控制方案，避免或减少因限电给客户带来的经济损失。

根据电力供需情况，由电力调度控制中心及时报送预警信息和启动实施有序用电方案，进行负荷平衡。

有序用电方案的执行，按照营销部门通知客户先避峰，调控机构后拉闸限电的顺序进行。

地调在接到省调控制负荷的指令后，应将省调控制负荷要求及现用电情况汇报相关领导及人员，并立即向客户服务中心指定人员下达控制负荷指令，明确控制量、时间等要求。

接到地调控制负荷指令后，客服中心应按有序用电方案对应等级通知相应客户进行避峰限电，同时在地调控制负荷指令要求时间内将负荷控制情况反馈地调。

客户服务中心控制负荷如未达到省调负荷控制要求，地调通知县（配）调对供区内的10～35kV专线客户进行负荷控制，直至按拉闸限电序位表对10～35kV专线拉闸。

地调对未按调度要求超计划用电的专线客户予以警告，警告无效可按其拉闸限电序位表对专线用电拉闸。拉闸限电序位表中拉限负荷有明确保安要求的，值班调控员在保持负荷控制总量的基础上应按要求恢复保安供电。

地调接到省调解除限电的通知后，应汇报相关领导及人员。同时电话通知已参与负荷控制工作的客服中心、县（配）调、110～220kV专线客户解除限电。县（配）调值班调控员、客户服务中心人员接到地调解除限电的通知后，负责通知本级所控制的客户恢复生产，对请求上级协助控制的客户，由上级通知。

地调值班调度员向县（配）调、监控人员直接下令拉闸限电的开关，由地调值班调度员根据负荷控制情况下令送电。县调值班调控员自行拉闸限电的开关，在值班调控员得到地调恢复负荷通知后，由县（配）调值班调控员根据拉限负荷的性质及用电量，逐步下令送电。

每日参与有序用电工作的县（配）调、客户服务中心应统计拉闸限电情况并报送地调，客户服务中心应统计避峰限电情况。县（配）调统计其下令拉闸线路的条次、负荷及电量，并统计供区内避峰限电的负荷及电量；客户服务中心汇总统计其负责客户的避峰限电负荷及电量。

地调每日汇总统计全局拉闸限电情况，并按省调要求上报，同时发至营销部指定人员。

各县（配）调值班调控员、客户服务中心人员接到地调控制用电负荷的指令后，应立即汇报单位领导，执行有序用电预案，并迅速将本地区用电负荷控制在计划以内。

供电公司应对有序用电措施的实施效果进行监测，发现用户限电措施落实不到位时，应及时向地方政府电力运行主管部门汇报，促请政府协调用户落实有序用电方案要求。

有序用电方案一经启动，严格按照政府批准的有序用电方案执行限（停）电工作。专线用户由电力调度控制中心通知用户限（停）电，并监控电力用户执行情况。公线所供用户专变由调度中心通知客户服务中心，再由客户服务中心通知电力用户实施限（停）电，各级客户服务中心负责监控电力客户执行情况，直至电力调度控制中心发出有序用电方案终止执行信息。

市、县级电力运行主管部门组织监督检查有序用电方案执行情况，对执行不到位的电网企业和电力用户进行警告，必要时应采取强制限电措施。对阻挠检查、拒绝实施有序用电，造成所属供电线路被迫实施强制限电或导致电网事故的，视情节依法追究有关单位和人员责任。

四、有序用电控制手段

随着电网规模的不断扩大，在电网供用电不平衡、电网或主设备发生事故等情况时，传统的调控运行模式已经难以满足安全运行要求。为积极应对大电网运行新形势，负荷批量控制成为供电公司深入研究电网调控运行新技术的产物。

1. 负荷批量控制部署目的

负荷批量控制是基于 D5000 系统研发的高级应用，是紧急情况下快速控制负荷，保证电网安全稳定运行的重要利器。通过不断的演练以及多专业、多部门、多单位的协同合作，验证了负荷批量控制系统的科学性、快速性和准确性。该系统的投入应用，确保了电网在供用电严重不平衡和发生严重故障情况下有效进行负荷控制，杜绝电网稳定破坏、设备损坏、大面积停电等恶性事故发生。

2. 负荷批量控制策略制定流程

地调根据相关电网事故预案及《拉闸限电序位表》制定负荷批量控制系统控制策略。

同时，根据电网运行方式及相关保电信息及时对控制策略进行调整。

县（配）调根据保电情况及设备异动情况对控制策略中所列 35kV、10kV 开关进行校核，发现开关错选、漏选时应向制定策略的上级调控机构汇报，由上级调控机构确认后更改。

自动化班负责将控制策略录入负荷批量控制系统。

各级调控机构监控班依据现场设备缺陷情况负责对录入负荷批量控制系统的控制策略进行验收。

3. 负荷批量控制启动流程

电网发生严重故障导致设备、断面严重超限，由省调值班调度员下令至地调值班调度员，明确负荷控制区域及负荷控制量，地调值班调度员向地调值班监控员下达调度指令，进入负荷批量控制执行程序。

地调值班监控员接到调度指令，立即进入负荷批量控制系统相关控制策略，按照地调值班调度员指令要求的负荷量进行负荷控制操作，操作须在地调调度、监控值长的双重监护下进行。

在负荷批量控制的同时，由地调调度正班（或副班）将故障及负荷控制情况通知涉及负荷控制的县（配）调，县（配）调接到负荷控制通知后应立即通知供电服务指挥中心及应急指挥中心负荷控制原因和负荷控制区域。

负荷批量控制执行完毕后，地调值班监控员将拉限的负荷量汇报地调值班调度员，同时将拉限线路名称及拉限时间通知县（配）调及属地运维单位；县（配）调值班调控员负责通知供电服务指挥中心及应急指挥中心执行情况，站端运维人员到站确认开关状态；地市级调控机构汇总负荷批量控制执行情况后，汇报公司领导及省级调控机构。

在省级调控机构通知可以恢复拉限负荷后，地调值班调度员通知县（配）调值班调控员恢复拉限线路。

第四节　保　电　业　务

本节介绍保电业务的级别、供电公司各部门职责分工和办理保电的流程，停送电联系人通过对这些内容的掌握，可以帮助用户对大型会议、重要活动等需要保电的工作，向供电公司提出保电申请，开展保电。

一、概述

供电公司保供电工作的管理，旨在提高公司系统保供电指挥协调及处置能力，确保在重要时期对重要地区和场所的安全可靠供电，完成公司供电范围内各类保供电任务。2018年四川高考保电新闻截图如图 6-6 所示。

用户保电业务是指针对用户提出保电的不同需求，根据用户保电的性质，在保电时为用户提供正常的供电，最大程度地避免或减少因停电而对政治、经济、民生等诸多方面的影响。

国网四川电力 Ⅴ

12分钟前 来自 微博 weibo.com

高考即将来临，学子紧张，供电公司的小哥哥小姐姐也紧张嘀。因为高考保电对
他们来说也是一场考验，这不，6月3日，@国网成都供电公司 郫都供电公司员工
仔细对变电站进行检查，提前进入高考保电状态。

图 6-6　2018 年四川高考保电新闻

重要活动供电保障工作应当遵循"统一指挥、规范管理、相互协作、各司其职"的原则。

二、级别

根据重大政治经济活动的范围和社会影响将重大活动保电工作分为四类：特级保电、一级保电、二级保电和三级保电。

特级保电：在公司所属地理区域内有党和国家领导人出席的具有重大国际影响的国际性会议或活动时期的保供电；承办世界、国家级特别重大政治、经济、文化、体育等活动。

一级保电：在公司所属地理区域内召开或举办的具有重要国际影响的国际性会议、活动等时期的保电；世界、国家级重要政治、经济、文化、体育等活动；或省级特别重大（省政府正式文件下发）政治、经济、文化、体育等活动。

二级保电：省级重要政治、经济、文化、体育等活动；市、县级特别重大（市政府正式文件下发）政治、经济、文化、体育等活动。主要节假日（春节、国庆）、少数民族地区主要节假日等按二级保电执行。

三级保电：市、县级一般政治、经济、文化、体育等活动。

如接到不符合上述分级的商业保电任务，统一由电力调度控制中心指导属地供电公司、各生产工区和市场及大客户服务部做好保电工作。在不取消已有停电检修计划情况下不新增停电计划。与此同时，保电线路所属供电公司、相关生产工区和市场及大客户服务部需根据实际情况制定具体保电措施。

根据用户用电设备所属的供电线路，分清楚用户所在城市的区域、第一断路器的下线杆号、供电设备分负责部门、供电设备的类别及设备的供电容量。依据以上用户供电情况做好保电方案，对要求保电的用户进行保电。

三、职责分工

根据已确定的保供电任务，供电公司和各有关直属供电公司分别成立保供电领导小组，并设置领导小组办公室及保电工作小组。

1. 保电领导小组职责

在上级保电领导小组的指导下，确定保电时间和保电范围，批准供电公司制定的保电

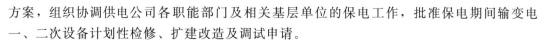

方案,组织协调供电公司各职能部门及相关基层单位的保电工作,批准保电期间输变电一、二次设备计划性检修、扩建改造及调试申请。

保电领导小组一般由公司分管领导任组长,总工程师任副组长,各部门和基层单位主要负责人组成。

2. 保电工作小组职责

在公司保电领导小组的指挥下,编制供电公司层面总体保电方案,审核局属各单位子方案,落实各项保电措施和应急处置预案,按照保电领导小组的指令启动保电工作,及时处置保电期间发生的各类突发事件。

保电工作小组一般由保电领导小组指定的牵头部门负责人担任组长,各部门和基层单位工作负责人组成。

3. 保电具体分工

(1) 保电信息归口管理。负责保电会议通知、保电工作信息及用户保电信息的收集汇总、上传及下达工作。一般由办公室担任,部分公司将该业务划转至供电服务指挥中心(配网调控中心)。

(2) 对外归口管理。负责保电工作的对外沟通和联系,参加政府及用户组织的各类保电协调会议,取得保电场所人员及车辆通行证;明确重要活动的实际需求,提供重点保障客户用电信息,提出重要活动定级建议;组织、督促并指导市场及大客户服务部与属地供电公司落实各项保电工作;必要时向省公司申请应急保电设备(含车辆)支援。一般由营销部(农电工作部)担任。

(3) 对内归口管理。负责组织保电参与单位和部门制定保电方案,组织、指导、督促各参与保电单位建立健全保电组织机构,完善保电期间突发事件的信息收集和反馈机制,按照保电方案落实各项保电技术措施和应急处置预案;组织各参与保电单位进行电网相关设备巡视、障碍或事故抢修工作;在满足电网安全裕度和电网保电工作要求前提下,协调、组织相关单位进行电网一、二次设备检修和调试,负责保电期间信息系统以及信息网络的安全防护;负责下达每年供电保障专项成本计划及审核相关结算资料。一般由运维检修部担任。

(4) 运行归口管理。负责保电期间的电网运行方式安排,指挥电网事故处理,保障电网主网稳定运行;通知和督促保电所属区域供电公司调控中心做好区域电网保电的相关工作;负责保电期间配电网运行方式安排,指挥配电网事故处理,保障配电网安全稳定运行。一般由调控机构担任。

(5) 客户侧归口管理。负责按照保电方案和调度指令,建立健全本单位保电工作的组织机构和应急处置机制,并上报领导小组备案;对所辖设备和线路进行巡视、现场值守和故障抢修,落实各项保电组织措施和技术措施;负责指导、督促保电客户对其产权范围内的用电设施进行全面的检查,与保电单位签订《重要活动(会议)安全供用电保障责任书》,责任书中应明确供电公司提供保电服务的内容和范围以及保电单位应配合的工作及责任,负责协调备用和应急电源接入的保电措施。一般由属地供电公司担任。

(6) 其他业务管理。包括重要活动筹备和实施期间的应急管理、费用管理、宣传管理、物资管理等。

四、工作流程

保电业务流程如图 6-7 所示。

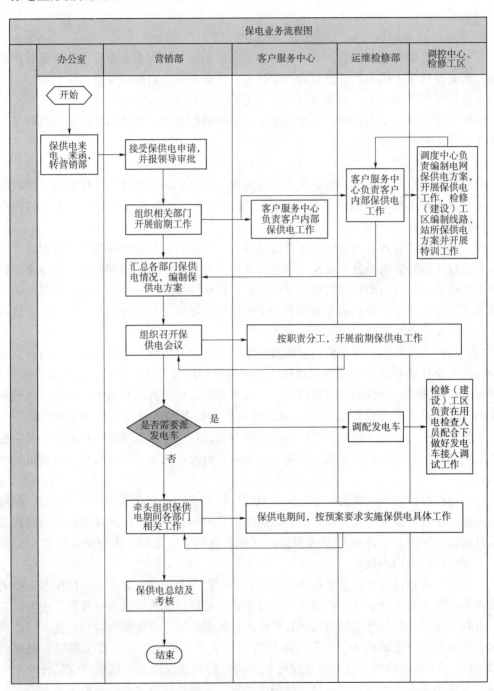

图 6-7　保电业务流程图

保电工作具体要求如下。

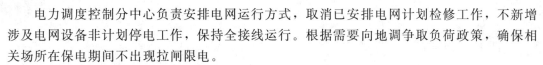

电力调度控制分中心负责安排电网运行方式，取消已安排电网计划检修工作，不新增涉及电网设备非计划停电工作，保持全接线运行。根据需要向地调争取负荷政策，确保相关场所在保电期间不出现拉闸限电。

变电运行人员必须坚守岗位，加强巡视，必要时应对特别重要的活动场所涉及的变电站进行现场值守。发现设备不正常或遇故障时，应按相关规程及时进行处理，防止事故扩大。各变电站、调控中心要加强运行监视，随时与值班调控员加强联系，重大紧急缺陷由值班调控员向保电领导小组汇报。

各运行单位对保电涉及的输配电线路进行全面检查，并立即对其负荷进行平衡和调整，做好事故预想和抢修准备。

各生产班组、属地供电所在重要活动场所及重要变电站、线路应配备现场抢修力量待命。各单位组织好抢修队伍随时处于临战状态，各种抢修物资应随时处于备运状态，并有抢修事故预案，按指挥小组的命令立即出动投入抢修工作。机动抢修队应作好人员准备、交通工具和各种施工器具、材料的准备，按照保电领导小组的命令，快速到达指定抢修工作地点，协助相关单位进行抢险工作。

营销部门负责对保电客户产权范围内用电设施进行全面检查，督促用户进行消缺工作，对检查中存在的问题及时书面通知产权单位。和保电单位签订《重要活动（会议）安全供用电保障责任书》，责任书中应明确提供保电服务的内容和范围以及保电单位应配合的工作及责任。同时做好公司相关单位的信息系统以及信息网络的安全防护、影响电网安全运行的重点场所、地段安全保卫工作。

第七章 配电网停送电联系未来展望

随着我国经济飞速发展，配电网规模日益扩大，同时各类自然灾害造成的大面积电网事故越来越多，配电网行业的发展面临前所未有的机遇与挑战，新时代社会经济的发展，对我国配电网的安全稳定控制和运行管理提出了更高的要求。智能配电网具有安全可靠、优质高效、灵活互动的特点，能够应对新形势下电网的发展，已经成为我国配电网发展的主要方向。无论是已经取得广泛应用的配电自动化系统，还是分布式电源，都标志着我国的配电网发展已经进入了一个前所未有的新阶段。对广大停送电联系人而言，新形势下也将面临更多挑战。本章主要介绍智能配电网以及分布式电源等内容。

第一节 智能配电网

智能配电网是智能电网的重要组成部分，也是智能电网研究的一个热点，是智能电网研究和发展最为活跃的领域。智能配电网允许可再生能源、分布式发电单元的大量接入和微电网运行，鼓励各类电力用户积极参与电网互动。

智能配电网在现有配电网基础上，针对大量分布式电源、微电网、大规模储能装置接入等情况，对传统配电网的运行控制方式进行改变。由于配电网本身具有规模庞大、运行环境恶劣、点多面广、变化快等诸多不利因素，配电网的控制模式非常复杂。随着新型电源大规模的接入，更加加速了其由量变到质变的过程，配电网控制网络模型变得更加复杂，而智能配电网则为该模型提供了有效控制及管理的解决方案。

一、概述

智能配电网以配电自动化技术为基础，通过融合先进的测量和传感技术、控制技术、计算机和网络技术、信息和通信技术等，利用智能化的开关设备、配电终端设备，在具有各种高级应用功能的可视化软件支持下，实现配电网正常运行状态下的监测、保护、控制、优化和非正常状态下的自愈控制，最终为用户提供安全、可靠、优质、经济、环保的电力供应和其他附加服务。智能配电网需要从内涵和外延两个层面来定义。

1. 智能配电网的内涵

从关键技术来看，智能配电网具有智能电网技术应用于配电网的技术特征，是智能电网技术研究的主要对象之一。智能配电网的内涵包括以下方面：

（1）具有配电自动化基础。

（2）高效的、充分整合的通信系统。

（3）无处不在的传感器和测量装置。

（4）智能配电网主站。

（5）统一的输配电网系统的数据模型。

（6）智能配电网管理。

（7）统一的智能配电网数据模型。

（8）统一的标准服务。

（9）即插即用的智能装置。

（10）高级应用软件。

（11）信息安全。

2. 智能配电网的外延

从智能配电网建立的形态与目标来看，分布式电源的广泛接入和供电可靠性要求的提高，给智能配电网提出了支持配电网技术发展适应环境变化的要求。智能配电网的外延包括以下方面：

（1）配电网的供电与用户的需求形成良性互动。通过智能终端提供用电和市场信息，促使用户通过需求响应来改变自己的用电方式，主动参与电网管理和市场竞争，获取相应的经济利益，实现供需双方互动。

（2）配电网大量接入风能、太阳能、生物质能等可再生能源分布式电源。

（3）提供良好的电能质量和供电可靠性。

（4）精细化的配电网生产指挥系统。

二、智能配电网功能特征

针对智能配电网设计、建设、运行、维护等环节，综合运用自动化技术、通信技术、信息技术以及现代管理理念和手段，实现延长设备寿命，确定资产更换的优先顺序，减少配电网故障，降低配电网改造成本等目的。随着技术的发展，智能配电网的定义、内容也将不断补充、完善和发展。智能配电网主要具有以下功能特征。

1. 自愈能力

自愈是指智能配电网能够及时检测出已发生或正在发生的故障并进行相应的纠正性操作，保证用户的正常供电不受影响或将影响降至最小。自愈主要是以保障供电不间断为目标，是对供电可靠性概念的延伸，其内涵要大于供电可靠性，例如目前的供电可靠性管理没考虑到一些短时供电中断情况，这些短时供电中断往往会使一些设备损坏或长时间停运。

2. 更高的安全性

智能配电网能够很好地抵御外力与自然灾害的破坏，将破坏影响限制在一定范围内，避免出现大面积停电，保障重要用户的正常供电。

3. 提供更高质量的电能

智能配电网实现实时监测并控制电能质量，使电压有效值、波形和频率等满足用户的要求，保证用户设备的正常运行并且不影响其使用寿命。

4. 支持分布式电源的大量接入

支持分布式电源的大量接入是智能配电网区别于传统配电网的重要特征。智能配电网不再像传统配电网那样，被动地硬性限制分布式电源接入点与容量，而是从有利于可再生能源足额发电、节省整体投资出发，有效地接入分布式电源并发挥其作用。通过保护控制的自适应及系统接口的标准化，支持分布式电源的即插即用。通过分布式电源的优化调度，实现对各种能源的优化利用。

5. 对配电网及其设备进行可视化管理

智能配电网可全面采集配电网及其设备的实时运行数据、电能质量扰动以及故障停电等数据，为运行人员提供友好的图形界面，使其能够全面掌握电网的运行状态，克服目前配电网因盲管造成的反应速度慢、效率低下等问题。对电网运行状态进行在线诊断与风险分析，为运行人员进行调度决策提供技术支持。

6. 更高的资产利用率

智能配电网实时监测电网设备温度、绝缘水平、安全裕度等，在保证安全的前提下增加传输功率，提高系统容量利用率。通过对潮流分布的优化，减少线损，提高运行效率。根据在线监测、诊断设备运行状态的结果，实施状态检修，延长设备使用寿命。

总之，智能配电网是一个面向大规模电网的复杂网络，它是在配电自动化完全覆盖下的配电网络，可以监控每一个用户、全部的配电网主干节点和分支线，实现电力和信息在所有节点的双向流动，支持研发智能电网的各种高级应用，提高智能电网安全自愈和优质高效运行能力，实现大量分布式能源和电动汽车的入网管理和市场交易管理，提供供需互动的双向服务等。

三、智能配电网发展中的关键技术

智能配电网所用到的关键技术包括配电网运行自动化技术、管理自动化技术、用电自动化技术、分布式电源并网控制技术、定制电力技术等。智能配电网新技术对配电网的集中控制系统、模块和设备进行智能化管理，实现正常情况下配电网与电力系统各个环节的协调运行以及故障情况下的快速定位、隔离、恢复、负荷转移等功能，为电力企业提供便捷、高效的管理平台和途径，实现电力企业管理者、用户、系统运行操作的协调和统一。

1. 高级配电自动化技术

随着智能配电网建设的深入，高级配电自动化技术将成为今后配电自动化技术的发展趋势。高级配电自动化技术在支持分布式电源接入、配电网快速自愈、电网与用户双向互动等方面有别于目前的配电自动化技术。目前的配电自动化技术主要关注配电网中断路器的自动控制功能。高级配电自动化技术是对配电自动化技术的进一步提升和完善，它适应更大规模的配电网可控设备的控制，实现电力流和信息流的双向互动，使配电网运行更安全、更稳定、更经济。

与目前的配电自动化技术相比，高级配电自动化技术的主要特点如下。

(1) 支持分布式电源的大量接入并使其与配电网进行有机集成。

(2) 满足有源配电网的监控需要。

(3) 提供实时仿真分析与辅助决策工具，更有效地支持各种高级应用软件（如潮流计算、网络重构和电压/无功优化等软件）的应用。

(4) 支持分布式控制技术。

（5）系统具有良好的开放性与可扩展性，采用标准的信息交互模型和通信规约，支持监控设备与应用软件的即插即用。

（6）各种自动化系统之间实现无缝集成，信息高度共享，功能深度融合。

2. 微电网技术

随着风能、太阳能、生物质能等新能源开发利用技术的日益成熟，分布式发电技术得到了快速发展。分布式发电具有方式灵活、与负荷距离近、节约输电投资等特点，在与大电网互为备用的情况下，可有效提高供电可靠性。但分布式发电的大规模接入对传统电网的安全稳定运行冲击较大，同时单机接入成本高，控制困难，不利于调度管理。

通过在配电网建立单独的发电单元对负荷进行供电，这些发电单元和负荷及相应的配电线路组成了一个相对独立的微型电力网络，这种微型网络被称为微电网，又称微网。微电网是相对于传统大电网而言的，它通过接入设备与外界电网进行电能交换。美国电气可靠性技术解决方案联合会（CERTS）对微电网的定义为："微电网是一种由负荷和微电源组成的独立可控系统，可为用户同时提供电能和热能。"微电网是由一些分布式发电系统、储能系统和负荷组成的独立网络，既可以与公共电网并联运行，也可以单独运行。微电网可以覆盖传统电力系统难以达到的偏远地区，并有助于提高供电可靠性及电能质量。

微电网技术的发展从一开始就与先进的电力电子技术、计算机控制技术、通信技术密切相关，其整体技术水平远远高于传统配电网。微电网具有以下组成部分。

（1）集控中心。可实现整个系统的智能化、可视化管理，具有系统运行及平台展示双重功能。

（2）多种分布式电源。如太阳能电池、微型风力发电机组、自备发电机组等。

（3）多种智能化用户。这些用户均拥有交互式智能电能表、一体化通信网络以及可扩展的智能电气接口，可支持双向通信、智能读表、用户资源管理等功能。

（4）具有自愈（故障重构）能力的电力网络。由新型开关设备、测量设备和通信设备组成，在集控中心调度管理下可实现故障自动隔离、供电自动恢复和故障定位诊断。

（5）多种储能设备。基于对微电网安全性和经济性的考虑，系统中要有一定数量的储能设备，以应付电压波动等电能质量事件。目前主要储能设备有铅酸电池、钠硫电池、超级电容、飞轮等。

微电网具有智能配电网的研究和示范作用，未来也必将成为配电网的重要组成部分。微电网优点如下。

（1）微电网几乎具有智能电网的所有特点，如双向交互性、网络自愈性、灵活性等。

（2）提高分布式电源的有效运行时间。

（3）在电网受到外力或者自然灾害破坏时，能有效保障对重要负荷的持续供电。

（4）可以在微电网范围内有效解决电压、谐波问题，避免对分布式电源周围用户电能质量产生直接影响。

（5）具备就地平衡分布式发电电能能力，有助于可再生能源优化利用和电网节能降损。

3. 用户定制电力技术

电能质量问题不但会影响电力系统安全稳定运行，还会影响社会经济发展，因此受到社会各界的广泛关注。目前，改善电能质量的技术和产品已形成一个产业，吸引越来越多的厂商进入。应用现代电力电子和控制技术，为用户提供具有特定电能质量和供电可靠性要求的电能，称为用户定制电力技术。

电力系统早期主要采用无源滤波器解决谐波等电能质量问题。近年来开始采用有源滤波器、快速电源调节器解决电压波动和谐波等问题。随着现代电力电子技术的快速发展，以该技术为核心的各种新型补偿设备得到迅速推广和应用。

采用用户定制电力技术的最终目的，是为了提高用户的电能质量和供电可靠性。从处理问题的角度看，这是待问题发生了再采取补救措施，是不得已而为之。但是很多电能质量问题是可以防患于未然的，若将电能质量问题与配电网规划、配电自动化等相结合进行研究，在配电网规划、建设之初将电能质量问题统筹规划解决，电能质量问题的处理将变得相对简单。

4. 智能配电网设备

伴随着智能配电网的建设，新型设备不断涌现。未来，展现在我们面前的将是更加环保、更加节能的配电设备。

（1）柱上断路器、箱式变压器将变得体积更小，效能更高。

（2）会有新的变压器出现，如电力电子变压器，采用电力电子技术进行电能调节，能够自动感知负荷的大小和负荷的阻抗特性，并且以最经济的方式配送电能。

（3）一次、二次设备也将高度融合，形成各种智能型的配电设备。

（4）针对目前的配电二次设备形式多样的状况，将会出现集计量、测量、控制、无功补偿等功能于一身的智能采集监控设备。

（5）为适应分布式电源、微电网接入与退出，将会出现智能并网控制设备。

（6）为了应对配电网故障，将会出现满足故障快速隔离及负荷快速转移的智能保护控制设备。

（7）智能配电网对电能质量的高要求将推动各种电能质量治理设备的大量应用。动态电压恢复器将使负荷侧的电压保持稳定，确保负荷的安全稳定运行，有效控制供电中出现的电压闪变、电压短时中断等电能质量问题。有源滤波器能够有效治理谐波，具有可靠性高、适应性强等优点。

各种新型设备将成为未来智能配电网的重要组成部分，共同保障智能配电网安全、优质、经济、环保运行。

第二节　分布式电源

一、概述

分布式电源是指在用户所在场地或附近建设安装，以用户侧自发自用为主、多余电量上网，且在配电网系统平衡调节为运行方式特征的发电设施或有电力输出的能量综合梯级利用多联供设施，包括太阳能、天然气、生物质能、风能、地热能、海洋能、资源综合利用发电（含煤矿瓦斯发电）等。

分布式电源一般以较低电压等级就近接入用户内部电网或公共配电网，与传统的大容量电源、直接并入高电压等级电网不同，分布式电源形式多种多样，既有通过变流器并网的，也有通过同步电机、异步电机并网的，各种类型电源都有自身的运行特性。分布式电源靠近用户侧，这改变了传统的电力系统辐射状的供电结构，对电网的安全稳定运行将产生一定的影响。

二、分布式电源接入电网的技术原则

（一）安全要求

（1）为保证设备和人身安全，分布式电源必须具备相应继电保护功能，以保证电网和发电设备的安全运行，确保检修维护人员和其他人员的人身安全，其保护装置的配置和选型必须满足所辖电网的技术规范和反事故措施。

（2）分布式电源的接地方式应和电网侧的接地方式保持一致，并应满足人身设备安全和保护配合的要求。

（3）分布式电源必须在并网点设置易于操作、可闭锁、具有明显断开点的并网断开装置，以确保电力设施检修维护人员的人身安全。

（4）对于通过 380V 电压等级并网的分布式电源，连接电源和电网的专用低压开关柜应有醒目标识。标识应标明"警告""双电源"等提示性文字和符号。标识的形状、颜色、尺寸和高度参照 GB 2894—2017《安全标志及其使用导则》执行。

（5）10kV（6kV）～35kV 电压等级并网的分布式电源根据 GB 2894—2017《安全标志及其使用导则》在电气设备和线路附近标识"当心触电"等提示性文字和符号。

（二）电能质量要求

分布式电源向当地交流负载提供电能和向电网发送电能的质量，在谐波、电压偏差、电压不平衡度、电压波动和闪变等方面应满足相关的国家标准。同时，当并网点的谐波、电压偏差、电压不平衡度、电压波动和闪变满足相关的国家标准时，分布式电源应能正常运行。

1. 电压偏差

分布式电源并网后，公共连接点的电压偏差应满足 GB/T 12325—2008《电能质量 供电电压偏差》的规定，即：35kV 公共连接点电压正、负偏差的绝对值之和不超过标称电压的 10％，如电压上下偏差同号（均为正或负）时，按较大的偏差绝对值作为衡量依据；20kV 及以下三相公共连接点电压偏差不超过标称电压的 ±7％；220V 单相电压偏差不超过标称电压的 7％～10％。

2. 电压不平衡度

分布式电源并网后，其公共连接点的三相电压不平衡度不应超过 GB/T 15543—2008《电能质量 三相电压不平衡》规定的限值。电网正常运行时，公共连接点的负序电压不平衡度不应超过 2％，短时不超过 4％。其中由各分布式电源引起的公共连接点负序电压不平衡度不应超过 1.3％，短时不超过 2.6％。

3. 电压波动和闪变

分布式电源并网后，公共连接点处的电压波动和闪变应满足 GB/T 12326—2008《电能质量 电压波动和闪变》的规定。

4. 谐波

分布式电源所连公共连接点的谐波电流分量（方均根值）应满足 GB/T 14549—1993《电能质量　公用电网谐波》的规定，其中分布式电源向电网注入的谐波电流允许值按此电源协议容量与其公共连接点上发/供电设备容量之比进行分配。

5. 直流分量

变流器类型分布式电源并网额定运行时，向电网馈送的直流电流分量不应超过其交流限值的 0.5%。

6. 电磁兼容

分布式电源设备产生的电磁干扰不应超过相关设备标准的要求。同时，分布式电源应具有适当的抗电磁干扰的能力，应保证信号传输不受电磁干扰，执行部件不发生误动作。

（三）孤岛现象与防孤岛要求

1. 孤岛现象

孤岛是指包含电源和负荷的部分电网，从主网脱离后继续孤立运行的状态。按照是否受控，孤岛可分为非计划性孤岛和计划性孤岛。

非计划性孤岛指的是非计划、不受控制地发生孤岛。计划性孤岛指的是按预先设置的控制策略，分布式电源有计划地进入孤岛状态。

2. 非计划性孤岛的危害

由于电力系统不再控制孤岛系统中的电压和频率，如果孤岛系统中的分布式发电机不能提供电压和频率调节，或没有限制电压和频率偏移的继电保护，则用户得到的电压和频率将波动很大，将可能引起用户设备的损坏。

当一条本应该没有电的线路由孤岛中的分布式发电机供电时，有可能带电造成维修线路的工作人员或其他人员触电。

当孤岛系统重新与电力系统并列运行时，有可能损坏孤岛系统中的分布式发电设备，这是因为并列时分布式发电机可能与系统不同步，并列时的电压相位差将对发电机产生非常大的冲击电流。孤岛并列操作也可能导致系统的重新解列。

（四）接入系统原则

（1）并网点的确定原则为电源并入电网后能有效输送电力并且能确保电网的安全稳定运行。

（2）接有分布式电源的 10kV 配电台区，不得与其他台区建立低压联络（配电室、箱式变压器低压母线间联络除外）。

（3）分布式电源并网电压等级可根据装机容量进行初步选择，参考标准为：8kW 及以下可接入 220V；8～400kW 可接入 380V；400～6000kW 可接入 10kV；5000～30000kW 以上可接入 35kV。最终并网电压等级应根据电网条件，通过技术经济比选论证确定。若高低两级电压均具备接入条件，优先采用低电压等级接入。

（五）分布式电源的控制

1. 有功功率控制

通过 10kV（6kV）～35kV 电压等级并网的分布式电源应具有有功功率调节能力，并能根据电网频率值、电网调控机构调度指令等信号调节电源的有功功率输出，确保分布式电源最大输出功率及功率变化率不超过电网调控机构的给定值，以确保电网故障或特殊运行方式时电力系统的稳定。

2. 分布式电源的启停

（1）分布式电源启动时需要考虑当前电网频率、电压偏差状态和本地测量的信号，当电网频率、电压偏差超出规定的正常运行范围时，电源不应启动。

（2）同步电机类型分布式电源应配置自动同期装置，启动时分布式电源与电网的电压、频率和相位偏差应在一定范围，分布式电源启动时不应引起电网电能质量超出规定范围。

（3）通过 380V 电压等级并网的分布式电源的启停可与电网企业协商确定。通过 10kV（6kV）～35kV 电压等级并网的分布式电源启停时应执行电网调控机构的指令。

（4）分布式电源启动时应确保其输出功率的变化率不超过电网所设定的最大功率变化率。

（5）除发生故障或接收到来自于电网调控机构调控机构的调度指令以外，分布式电源同时切除引起的功率变化率不应超过电网调控机构规定的限值。

（六）继电保护与自动化装置

1. 元件保护

分布式电源的变压器、同步电机和异步电机类型分布式电源的发电机应配置可靠的保护装置。分布式电源应能够检测到电网侧的短路故障（包括单相接地故障）和缺相故障，短路故障和缺相故障情况下保护装置应能迅速将其从电网断开。

2. 线路保护

通过 10kV（6kV）～35kV 电压等级并网的分布式电源，宜采用专线方式接入电网并配置光纤电流差动保护。在满足可靠性、选择性、灵敏性和速动性要求时，线路也可采用 T 接线方式，保护采用电流电压保护。

3. 防孤岛保护

同步电机、异步电机类型分布式电源，无须专门设置防孤岛保护，但分布式电源切除时间应与线路保护相配合，以避免非同期合闸。

变流器类型的分布式电源必须具备快速监测孤岛，且监测到孤岛后立即断开与电网连接的能力，其防孤岛保护应与电网侧线路保护相配合，防孤岛保护动作时间不大于 2s。

4. 恢复并网

系统发生扰动脱网后，在电网电压和频率恢复到正常运行范围之前，分布式电源不允许并网。在电网电压和频率恢复正常后，通过 380V 电压等级并网的分布式电源需要经过一定延时时间后才能重新并网，延时值应大于 20s，并网延时定值由电网调控机构给定。通过 10kV（6kV）～35kV 电压等级并网的分布式电源恢复并网必须经过电网调控机构的允许。

（七）并网检测要求及检测内容

1. 检测要求

分布式电源接入电网的检测点为电源并网点，必须由具有相应资质的单位或部门进行检测，并在检测前将检测方案报所接入电网调控机构备案。

分布式电源应当在并网运行后 6 个月内向电网调控机构提供有资质单位出具的有关电源运行特性的检测报告，以表明该电源满足接入电网的相关规定。

当分布式电源更换主要设备时，需要重新提交检测报告。

2. 检测内容

检测内容应按照国家或有关行业对分布式电源并网运行制定的相关标准或规定进行，必须包括但不仅限于以下内容。

（1）有功输出特性，有功和无功控制特性。

（2）电能质量，包括谐波、电压偏差、电压不平衡度、电压波动和闪变、电磁兼容等。

（3）电压电流与频率响应特性。

（4）安全与保护功能。

（5）电源起停对电网的影响。

（6）调度运行机构要求的其他并网检测项目。

第三节　配　电　自　动　化

一、简介

配电自动化（Distribution Automation，DA）以一次网架和设备为基础，综合利用计算机、信息及通信等技术，以配电自动化系统为核心，实现对配电系统的监测、控制和快速故障隔离，并通过与相关应用系统的信息集成，实现配电系统的科学管理。配电自动化是提供供电可靠性和供电质量，提升供电能力，实现配电网高效经济运行的重要手段，也是实现智能电网的重要内容之一。

二、实施配电自动化的意义

随着我国经济可持续发展和人民物质文化生活水平的不断提高，用户对电力的需求越来越大，对供电质量和供电可靠性的要求越来越高。尤其是贯彻实施《中华人民共和国电力法》以后，电力作为一种商品进入市场接受用户的监督和选择，根据电力供应中的停电影响，将追究电力经营者的责任。随着社会经济的发展，高技术和精密装备对电能质量要求越来越高，配电网电能质量和供电可靠性已是电力经营者必须考虑的主要问题。

为此，加快城乡配电网的改造、加快配电系统自动化的进程就显得尤为重要。配电自动化是电力系统现代化的必然趋势，实现配电系统自动化有利于在配电网正常运行时，通过监视配电网运行工况，优化配电网运行方式，有利于在保证供电可靠性的前提下，确保电力用户用电的时效性，满足电力用户的供电需求；有利于满足和确保供电的质量，符合高新技术装备和居民家用电器的要求，避免高峰低谷，电压幅值和频率以及谐波对用户所产生的不良影响；有利于降低电网的损耗，提高网络的供电能力，减少用户的停电概率，缩短停电时间。

三、配电自动化的现状与发展情况

1. 国外配电自动化发展及现状

国外配电自动化开始于 20 世纪 70 年代，欧美等开展配电自动化的早期目标是缩短馈线停电时间。如美国，在开展配电自动化的初期，采用配电线路上装设多组重合器、分段器方式，使线路故障不影响变电站馈线供电。在纽约曼哈顿地区，27kV 任一线路故障时，真空重合器和变电站内的断路器配合，经过小于 3 次的开合操作，自动隔离故障使非故障段恢复供电。1997 年全纽约的用户平均停电时间（含检修、故障等各种因素停电时间）为 104 分钟，而曼哈顿地区仅为 9 分钟。1994 年，美国长岛电力公司配电自动化系统采用 850 台馈线终端单元 FTU 和无线数字电台组成了故障快速隔离和负荷转移的馈线自动化系统，在 4 年内累计避免了 59 万个用户的停电故障（根据美国事故统计标准，对用户停电达到或超过 5 分钟就是停电事故），并因此获得 IEEE DA/DSM 大奖。整个系统的形成大致经历了 3 个阶段：第一阶段，使线路运行达到能自动分段；第二阶段，建立通信实现 SCADA 功能；第三阶段，实施非故障段的自动恢复供电。随着微机技术的兴起和发展，到 20 世纪 80 年代，配电自动化方面的研究已有相当的规模。到 20 世纪 90 年代，美国的配电网自动化技术已达相当高的水平。一个典型的例子是美国纽约长岛照明公司于 1993 年投运的配电网自动化系统，系统涉及 750 条馈线，100 多万用户，该系统的使用使受主线路故障影响的用户减少 25％，即总计 20 多万用户可实现在 1min 内完成故障区间隔离和非故障区间的自动化恢复送电，这代表当时的配电自动化国际最高水平。

日本配电网自动化的发展历程和美国不同，它首先是在配电线路上安装具有判别故障及按时限顺序合闸的柱上开关，并与安装在线路上的重合器、分段器及变电站馈线开关的保护相配合。当线路发生故障时，通过二次合闸，重合器、分段器能自动判别故障，自动隔离线路故障段，使线路非故障区域恢复供电。在上述基础上又进一步增设通信功能，将柱上自动配电开关的信息送至中央控制室，由配电自动化系统对配电网进行监控，其功能包括 SCADA，AM/FM/GIS，负荷控制（LC）等。通过配电自动化，日本 20 世纪 50—80 年代送配电损耗由 25％下降到 5％，同时停电时间大大缩短。以日本九州电力公司为例，用户平均停电时间从 6 分钟下降到 1 分钟，正是依靠配电自动化实现的。日本是配电网自动化发展比较快的国家，到 1986 年全国 9 个电力公司的 41610 条配电线路已经有 35983 条实现了故障后的按时限自动顺序送电，占比 86.5％；2788 条实现了柱上开关的远方监控，占比 6.7％。到 1997 年年底，日本全国已基本上实现了配电网自动化。

欧洲配电自动化系统的实施进程不如美国、日本那么快。如意大利国家电力公司（ENEL）在 20 世纪 80 年代初，才着手进行变电站设备的自动控制，到 20 世纪 80 年代末才开始进行基于配电网数据传输的配电网自动化系统的工业性开发。到 1996 年 9 月底，共有 13 个配电自动化系统运行，连接到大约 1000 个配变电站和 6 万个家庭用户。

同时，国外著名电力设备制造厂商基本上都涉足配电自动化领域，如西门子公司、施耐德公司、COOPER 公司，MOTOROLA 公司、ABB 公司、东芝公司等，均推出了各具特色的配电自动化产品。

相比较而言，美国、日本的配电自动化系统的覆盖面较广，而欧洲相对差些。主要原因是日本配电网以架空线路为主（根据日本九州电力公司 1997 年统计的数据，该公司 6kV 配电系统中架空线路所占的比例为 98.3％）。架空线路易受环境、气候等自然因素和外力撞杆、断线等人为因素影响，为了保证高供电可靠性要求，除需要大量的柱上开关构成网格式配电网络外，还需自动化手段保证快速处理故障及恢复供电。欧洲配电网以电缆线路为主，电缆线路基本上不受上述架空线路外界因素的影响，所以即使没有自动化手段的支持，也能获得较高的供电可靠性，但是电缆线路的造价远高于架空线路。美国线路构成则介于日本和欧洲之间，根据不同用户需要确定是否使用配电自动化系统。

综上所述，国外配电自动化的实现，大致是先实现馈线自动化，然后建立通信信道和配电自动化主站系统，最后再完善各项功能。然而，在实施过程中会产生大量有待开发的自动化功能和一些已经开发的自动化功能之间的重叠问题。配电网自动化的发展经历了从各种单项自动化（多岛自动化）的配电网系统，向开放式、一体化和网络化的综合自动化方向发展的过程，目前已经具有相当的规模，并且在提高配电网运行的可靠性和效率，提高供电质量，降低劳动强度，充分利用现有设备的能力等方面均带来了可观的社会效益和经济效益。目前，国外正致力于配电网自动化专家系统和配电网仿真培训系统等研究，研究通过负荷分配的优化来减少网损，对变压器负荷进行管理，最大限度地利用变压器容量并降低系统有功损耗，以及按即时电价对用户负荷进行管理等。

2. 我国配电网自动化的发展历程及现状

配电网是电力系统直接面向用户的功能，是电力系统的重要组成部分。过去，我国电网缺电严重，加之"重发、轻配、不管用"等现象，致使配电网技术相对落后，主要表现在网络混乱、装备陈旧、自动化水平低、维护工作量大、供电可靠性低等方面。改革开放以来，电力工业特别是发、输电方面有了很大的发展，电网缺电现象得到显著改善。与此同时，电力系统自动化也进入了新的发展阶段。但是，缺电的情况仍十分严重，已建成的各种自动化系统形成一个个"孤岛"，互相隔绝，不能充分发挥作用。配电网的规模是随着负荷的不断增长而不断扩建和发展的。早期的配电网规划经常因对市政建设和负荷发展缺乏预见性而造成配电网建设的无序化和不合理。对此，国家电力公司从 1998 年开始对全国城市和农村电网开始进行大规模的建设和改造，共计投入 2800 亿元资金。建设改造主要集中在低压 380V 到高压 110kV（部分 220kV）的配电网，以提高配电网的供电能力和安全经济运行水平，改善人民生活，为国民经济持续发展提供了强大的动力。到 2000 年，城市高压配电网整体供电能力增长了 40% ～ 50%，中低压配电网供电能力增长了 25%。

我国配电网自动化工作起步于 20 世纪 80 年代，其标志是当时石家庄和南通各引进了一套日本户上制作所赠送的配电网自动化环路设备，该设备每一开关单元由 SF_6 开关、DM 控制器和电源变压器构成，可以完成就地故障隔离功能，相当于日本 20 世纪 70 年代的设备水平。

我国配电网自动化工作开始于 20 世纪 90 年代。90 年代后期陆续在一些省会城市开展局部范围配电网自动化试点建设。1998 年末，随着国家启动城网、农网改造工程，配电网自动化研究建设迎来了新的机遇。同时，国内配电网自动化的产品研发、功能标准讨论、工程项目建设也进入热潮，为国内配电网自动化系统的全面建设积累了宝贵的工程经验。国内最早的具备集成化、综合一体化功能的配电网自动化工程试点，是 1998 年的宝鸡市区配电自动化系统。其功能包括了馈线自动化、配电变压器巡检、开闭所自动化、配电网 SCADA、配电网仿真优化、配电网地理信息系统、客户故障报修等，实现了各个子系统之间的信息实时共享和功能相互共享的一体综合化。

2001 年年底，国家电网公司对 16 省（自治区、直辖市）62 个城市配电网自动化工作的调查数据显示，我国真正开始系统性试点是在 1996 年以后。由于当时技术、装备等方面的条件还不太成熟，国内外无相关标准指导，部分城市根据本地区应用需求，参考国内外相关经验，自 1996 年起，部分城市开始配电自动化系统小规模试点工作。试点的主要目的是验证开关、户外控制装置运行的可靠性，确定适合本地的通信系统方案，研究有效的系统功能，探索与之相关的管理体制。

1997 年至 1998 年上半年，配电自动化系统试点工作的开展情况与 1996 年相近。1998年 7 月，"推进城网建设和改造工作会议"在长春召开，配电自动化系统建设有了资金来源。经过一年多的时间，国内技术和装备研究、应用逐渐成熟，系统建设步伐逐渐加快。在此基础上，国家电力公司在 1999 年年底发布了《10kV 配电网自动化发展规划要点》和《配电网自动化终端设备通用技术条件》，配电自动化系统建设逐步走向正轨。从统计数据上看，从 1998 年起，全国每年新建配电自动化系统的城市在 10 个以上。尤其是以 2000年的增长幅度最大，增长最明显的地方是实施全省统一电力管理的山东、江苏两省。

由于认知偏差、配电网网架和设备基础较差以及技术和管理等方面的原因，国内早期建设的配电自动化系统大部分都没有发挥很好的作用。2004—2009 年，国内很多配电自动化工程都相继下马或者退出运行。

2009 年国家电网公司开始全面建设智能电网，积极部署开展建设满足配电网需求、良好互动的开放式配电自动化系统试点工作，这标志着我国配电自动化系统建设的重新启动。国家电网公司制定了 3 个阶段的发展规划。

第一阶段：2009—2010 年，技术准备阶段。选取了包括北京、上海、成都、杭州等约30 个城市进行试点，规范配电自动化技术开发、设计、建设和运行，形成技术标准体系。

第二阶段：2011—2015 年，示范完善阶段。基本实现配电自动化系统主要功能的实用化，保证系统安全稳定运行、发挥作用，统一信息和数据接口，统一管理规范，为大面积实用化推广奠定好基础。

第三阶段：2016—2020 年，逐步推广阶段。重点完善配电自动化系统各项功能，积极推广实用化，积极与新技术相结合。

其中成都配电自动化工程在实践过程中勇于探索，大胆尝试，"敢控、能控、在控"，被《全球能源互联网》列为城市电网智能化工程的"中国实践"典范。

3. 成都配电网自动化发展及现状

成都配电网自动化试点工程是国家电网公司配电自动化试点项目，是国家电网公司配电网自动化试点工程中规模最大、终端数量最多、功能最全的实施项目，该项目于 2010年 3 月立项，2010 年 5 月由项目业主单位四川省电力公司成都电业局委托中国电力工程顾问集团西南电力设计院承担该工程的各项设计工作。2011 年 2—10 月，项目完成了系统招标、评标、工厂验收、安装调试和投运等工作。2012 年 1 月 11 日项目以高指标通过国家电网公司验收评审组的工程验收，专家一致认为成都配电网自动化试点工程建设项目工程质量优良，达到国内领先水平。

　　成都配电网自动化试点工程的试点区域为成都市三环路以内的主城区，主城区供电面积约 193km²，是成都市的政治、经济、文化、科教、商务中心。

　　由于配电网自动化对供电电源点、线路转供能力和一次网络结构依赖性很强，整体协调控制要求较高，该工程首先对主城区内 16 座开关站、13 条 10kV 线路、512 座 10kV 环网柜、360 台柱上开关进行了改造优化设计，为该项目的顺利实施奠定了坚实的基础。

　　成都配电网自动化主站系统采用双机双网结构，由冗余配置的 SCADA 服务器、历史数据服务器、数据采集服务器等 132 台（套）设备组成，系统平台按 2015 年接入 30000 个配电自动化终端，100 万以上信息处理量的需求一次性建成，全面实现 SCADA、馈线自动化、电网分析应用、信息交互及分布式电源接入等分析应用和智能化功能。

　　信息交互总线系统及生产抢修指挥平台是成都配电网自动化试点工程的重点建设内容。通过建设信息交互总线系统，将大生产区的配电网自动化系统、调度 EMS 与管理信息大区的营销系统、用电信息采集系统、95598 系统、PMS 等各种自动化系统联接在一起，实现了各系统之间各类实时数据、静态数据、图形数据的交互，为多系统间的业务流转、信息集成、功能集成奠定了基础。

　　成都配电网自动化试点工程在主城区 51 座开关站、512 座环网柜、214 座分支箱、377 台柱上开关共设计加装 1119 套配电网自动化终端，每个终端的设计选型均结合现场条件进行。

　　通信系统是配电网自动化系统的支撑平台，结合成都配电网的实际情况，配用电通信系统以光纤通信方式 SDH、EPON 为主，载波通信方式为辅的多元化通信方式混合组成。

　　配电自动化的实施，实现了对配电网的实时监控以及设备工况的监视，大大减少运行人员的巡视、测试工作量；通过建设配电自动化主站和配网抢修指挥平台，为配电网调度、运行、检修、管理提供了有效的技术手段，彻底改变了以前配电网盲调、全人工运行维护的模式，为电网企业节约了运行管理成本。

　　配电网自动化试点工程实施完成后，故障停电时户数大幅下降，故障停电时户数降低 60% 左右，主城区供电可靠率提升至 99.962%，用户满意度大大提高。

　　截至 2019 年 6 月，成都主城区约 193km² 内 520 余条 10kV 配电网线路接入配电网自动化系统，其中包含各类配电终端 3000 余个，开关站、环网柜、柱上开关"三遥"实现率达到 100%。

　　成都配电网自动化系统的设计、建设和投运，使成都配电网的运行管理水平跻身于全国先进行列。成都配电网实现了由传统型向智能型的升级，为成都经济社会发展打下良好的基础，注入新的动力。华灯初上，智能配电网点亮了万家灯火，编织出锦绣蓉城，让成都这座既古老又充满现代气质的城市光彩照人，充满了勃勃生机。

四、配电自动化系统

　　配电自动化系统是实现配电网的运行监视和远方控制的自动化系统，具备配电 SCADA、馈线自动化、电网分析应用及与相关应用系统互连等功能，主要由配电主站、配电终端和配电通信网络等部分组成，其特点是信息化、自动化和互动化。配电自动化系统结构如图 7-1 所示。

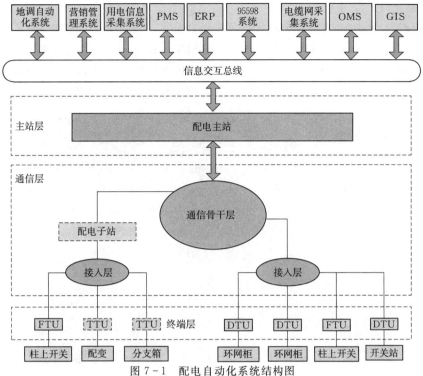

图 7-1 配电自动化系统结构图

1. 配电主站

配电主站是配电自动化系统的核心部分，主要实现配电网数据采集与监控等基本功能和电网分析应用等扩展功能。

配电自动化系统主站结构如图 7-2 所示。

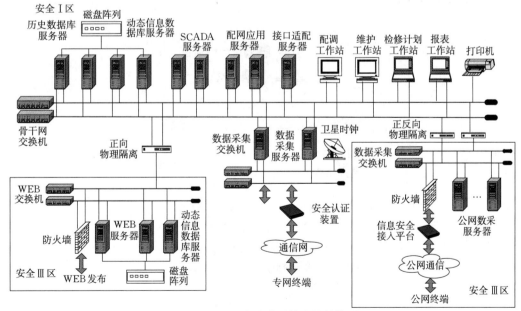

图 7-2 配电自动化系统主站结构图

2. 配电终端

配电终端是安装于中压配电网现场的各种远方监测、控制单元的总称，主要包括配电开关监控终端 feeder terminal unit（即 FTU，馈线终端）、配电变压器监测终端 transformer terminal unit（即 TTU，配变终端）、开关站和公用及用户配电所的监控终端 distribution terminal unit（即 DTU，站所终端）等。DTU 内部构造如图 7-3 所示。

图 7-3 DTU 内部构造

3. 配电通信网络

配电通信是指配电网自动化系统及管理系统借助有效的通信手段将控制中心的控制命令传送至众多的远方终端，同时远方终端通过通信系统将设备信息及运行数据上传至控制中心。配电通信网络结构如图 7-4 所示。

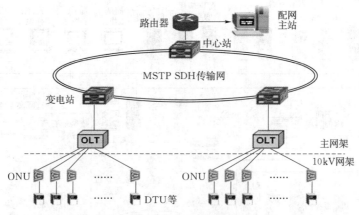

图 7-4 配电通信网络结构图

MSTP—多业务传输平台；SDH—同步数字序列；
ONU—光网络单元；OLT—光线路终端；
DTU—数据传输单元

五、馈线自动化功能

馈线自动化（FA）功能是配电网自动化系统的核心功能，是利用自动化装置（主站系统），监视配电线路（馈线）的运行状况，及时发现线路故障（过流信号），迅速诊断出故障区间并将故障区间隔离，快速恢复对非故障区间供电的功能。

从配电主站角度来看，主要完成的是馈线故障处理功能，包括故障分析、故障定位、故障隔离、非故障区域负荷转供几个环节。

接下来介绍一个馈线自动化功能动作案例。

（1）故障前，110kV F 站出线 L6 带 110kV G 站出线 L7 全线负荷，出线 L6 与出线 L7 通过 104 环网柜形成联络，如图 7-5 所示。

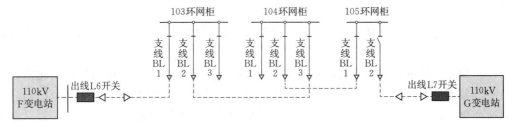

图 7-5　发生故障前出线 L6 与出线 L7 运行方式图

（2）110kV F 站出线 L6 开关事故跳闸后，出线 L6 带出线 L7 全部失电，如图 7-6 所示。

FA 启动条件：出线 L6 开关分闸；出线 L6 开关事故总动作。

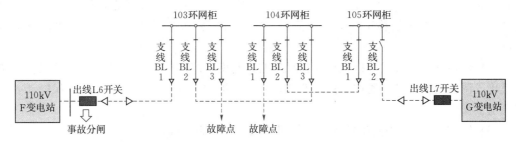

图 7-6　发生故障时出线 L6 与出线 L7 运行方式图

（3）通过检测站内开关到故障点的过流信号，确认故障点，如图 7-7 所示。

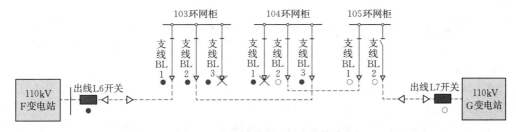

图 7-7　发生故障时 FA 确认故障点

（4）隔离故障线路，恢复站内开关供电，如图 7-8 所示，整个过程耗时 50 秒。

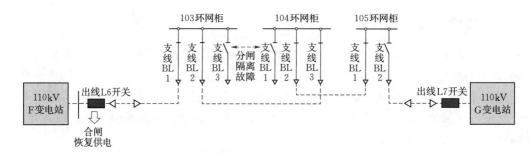

图 7 - 8 隔离故障后出线 L6 与出线 L7 运行方式图

六、配电自动化系统运行管理

1. 远方遥控操作管理

（1）接入配电自动化系统的可遥控无缺陷设备的遥控操作原则上都应以远方操作方式进行。

（2）调控值班员利用配电自动化系统进行遥控操作所辖开关后，应通过自动化主站系统检查设备的状态指示、遥测、遥信信号的变化，且至少应有两个及以上的指示已同时发生对应变化，确认该设备已操作到位后，调控值班员方可下令进行下一步操作。若对遥控操作结果有疑问，必要时调控值班员应要求配电运检工区相关人员前往现场核实设备状态，并以现场人员通过录音电话汇报为准。

（3）开关遥控操作过程中，自动化系统发生异常或遥控失败时，应由调控员通知配电运检工区配电网运维抢修中心操作员到现场进行设备操作，同时通知自动化值班人员检查异常或遥控失败原因。若是自动化主站原因，由自动化人员消除缺陷；若非自动化主站原因，通知配电运检工区运维抢修指挥中心值班员到现场检查一次、二次设备运行情况。

（4）遥控操作时必须严格执行遥控操作监护制度，即调控副班受令实施遥控操作、调控正班或调控值班长进行遥控监护，并通过系统监护功能进行二次校验，杜绝误操作，严禁无监护操作。

（5）FA 执行过程中发生的远方遥控属于调控员遥控范围。

2. "远方/就地"开关操作

（1）配电网设备的"远方/就地"开关由配调进行统一管理，委托配电运检工区进行操作。

（2）接入配电自动化系统的可遥控设备默认"远方/就地"开关在"远方"位置。

（3）接入配电自动化系统的可遥控设备一、二次工作时，"远方/就地"开关均应切换至"就地"位置。

（4）接入配电网自动化系统的可遥控设备一、二次工作结束时，设备正常送电前，"远方/就地"开关应恢复至"远方"位置。

（5）接入配电网自动化系统的可遥控设备故障或有缺陷时，配电运检工区可申请将"远方/就地"开关切换至"就地"位置，调控副班做好相关缺陷记录。

（6）调控副班在遥控设备前，应确认"远方/就地"开关在"远方"位置，否则应立即停止遥控操作，并通知配电运检工区相关人员到现场进行核实。

3. FA 投退操作

经自动化调试成功并交接的线路 FA 属配电网调控监控范围，此范围内线路 FA 操作应由配调下令，配电网调控执行操作。

（1）线路 FA 状态有以下几种：

1）在线自动式：FA 启动后，系统自动执行操作，操作员无法干涉。

2）在线交互式：FA 启动后，系统提供策略，操作员根据实际情况进行操作。

3）仿真自动式：操作人员模拟故障发生，FA 启动后，系统自动执行相应的操作。

4）仿真交互式：操作人员模拟故障发生，FA 启动后，系统提供策略，操作员根据相应的情况进行操作。

5）离线模式：FA 不启动。

（2）FA 投退调令格式如下（以祥百路 906 开关为例）：

1）将祥百路 906 开关 FA 功能由在线自动式转在线交互式。

2）将祥百路 906 开关 FA 功能由离线式转仿真交互式。

（3）FA 投退应按照以下原则执行：

1）开关线路（联络支线除外）有计划检修工作时，应将该线路 FA 转离线式，与之联络的线路 FA 转在线交互式。

2）开关线路（联络支线除外）有计划检修工作且拓扑结构不发生变化时，FA 不操作。

3）工作结束后，线路拓扑发生变化的线路需待自动化将 FA 功能测试完毕并交接后，再将该线路和与之联络的线路 FA 恢复，否则保持原状。

4）开关线路无工作但开关状态需改变时（临时运行方式或配合站内工作），FA 不操作。

5）开关线路有带电作业时，按本线路转离线，联络线路转交互方式投退 FA。

6）开关线路发生故障时，无论 FA 是否动作，配网调控应立即按本线路转离线，联络线路转交互方式投退 FA；当故障点隔离且送电正常后，方可恢复 FA。

7）FA 启动后，如果 FA 策略不正确，应将其转为离线式，待自动化测试正确后再投入。

8）自动化因工作需要改变 FA 状态时，需向配网调控申请；待配网调控操作完毕后，通知自动化开展相关工作；自动化工作结束后，应通知配网调控恢复 FA。

4. FA 投运注意事项

（1）FA 投运包括以下几种情况：

1）线路新投，同时 FA 功能新投（投在线自动式或在线交互式）。

2）线路拓扑发生变化，经测试后再投。

3）线路 FA 状态从在线交互式转在线自动式（未投过在线自动式）。

（2）自动化通知线路 FA 可投后，配网调控值班员应在 FA 投运前做好以下工作：

1）检查线路单线图和电缆网图，保证现场运行方式与图形一致，如果不能确定，应通知相关人员到现场核实。

2）如现场设备状态与图形不一致，应以现场为准，改变图形设备状态，具体操作为：①如设备通信正常，但状态异常，则应将该设备状态封锁成现场状态，并立即通知配电运检相关人员消缺,做好缺陷记录;②如设备工况退出或未接入系统,则应将该设备状态人工设置成现场状态;③如设备不可控,则应将该设备状态置入成现场状态。

3)如果联络开关可控,且现场为冷备用状态,应由配调下令将现场开关转为热备用;其余情况,只需与现场保持一致即可。

4)核实完毕后,配调即可下令将 FA 投入相应状态,配网调控值班员操作完毕后,应在"FA 动作情况"表中做好记录。

5. 设备置位操作

凡是接入配电网自动化系统的配电网线路属于配网调控人员监控范围,每条线路中非实时状态的设备由配网调控人员按照现场实际位置进行置位。

(1)置位设备范围如下:

1)无法接入实时量的刀闸,包括电缆架空线路转换刀闸、柱上开关两侧刀闸等。

2)未接入实时量(未做调试)的开关站、环网柜、分支箱和柱上开关。

3)工况退出(调试成功并接入)的开关站、环网柜、分支箱和柱上开关。

(2)置位原则如下:

1)配网调控值班员根据每项工作确定置位设备,待该设备现场状态改变并经现场核实后,再在配电网调控系统中置入相应位置。

2)开工前,如该线路需退出 FA,应先退出 FA,再对设备进行置位。

3)工作结束后,配网调控值班员应再次向配调核实置位设备状态,确认无误后再投入 FA。

4)每次置位操作均应记录在"配电网设备置位操作记录"中。

6. 设备挂牌操作

(1)凡接入配电网自动化系统的 10kV 线路设备均属于配电网调控挂牌范围。挂牌操作由配网调控值班员执行,执行完毕后,应在交接班记录中做好记录。

(2)标志牌定义。

1)停电区域。对停电区域和带电区域交界的设备挂此牌。

2)检修。对有计划检修工作或临时检修工作的设备挂此牌。

3)故障。对有故障的设备挂此牌。

4)禁止操作。对无检修或无故障但不允许操作的设备挂此牌。

(3)标志牌功能如下:

1)停电区域。设备带电,禁止挂此牌。挂此牌后,设备禁止遥控,但不抑制设备遥信信号。

2)检修。挂此牌后,设备禁止遥控,抑制设备遥信信号。

3)故障。挂此牌后,设备禁止遥控,抑制设备遥信信号。

4)禁止操作。挂此牌后,设备禁止遥控,但不抑制设备遥信信号。

(4)挂牌设备如下:

1)停电区域。站内开关、柱上开关两侧刀闸、负荷开关(断路器)。

2)检修。站内开关、环网柜、分支箱、柱上开关、负荷开关(断路器)、馈线、变压器。

3）故障。站内开关、环网柜、分支箱、柱上开关、负荷开关（断路器）、馈线、变压器。

4）禁止操作。站内开关、柱上开关、负荷开关（断路器）。

（5）挂牌与FA。FA启动后，检测到线路上有挂牌设备，FA状态应转为在线交互式；如果检测到故障区域有挂牌设备，FA策略会扩大故障区域。

（6）交接班前，各值需将交接班记录中挂牌情况与挂牌信息列表核对一致。

7. 终端定值操作

（1）接入配电自动化系统的配电网设备保护定值由电力调度控制中心进行统一管理，配电运检工区负责保护功能调试和定值整定工作。

（2）接入配电自动化系统的配电网设备应具备远方和就地两种定值下装方式。定值原则上是由电力调度控制中心向配电运检工区下达调令后，配电运检工区通过就地方式进行整定。

（3）配电运检工区负责收录定值单。定值单应以纸质方式保存，并执行每年春、秋季安定值安全检查。

七、配电自动化的发展趋势

1. 多样化

尽管配电自动化技术的发展经历了3个阶段，但是从欧美和日本的应用情况来看，各个阶段的技术都在应用，并各有其适用范围。在我国，随着智能配电网建设的开展，配电网自动化再次受到极大的关注，针对不同城市（地区）、不同供电企业的实际需求，配电网自动化系统的实施规模、系统配置、实现功能不尽相同，在国家电网公司 Q/GDW 513—2010《配电自动化主站系统功能规范》中推荐了简易型、实用型、标准型、集成型和智能型等5种配电网自动化系统的实现形式及对应功能。因此，配电网自动化技术及其实现形式的多样化是发展趋势之一。

2. 标准化

配电自动化是个复杂的系统工程，信息量大、面广，涉及多个应用系统的数据接口和信息集成。为了促进支持电力企业配电网管理的各种分布式应用软件系统的应用间集成和定义统一的接口规范，国际电工委员会（IEC）制定了 IEC 61968（配电管理的系统接口）系列标准。因此支持基于 IEC 61968 的标准化信息交互也成为配电网自动化的发展趋势之一。

3. 自愈

配电网自动化是智能配电网的重要组成部分，而自愈是智能电网的重要特征。因此，自愈技术也是配电网自动化发展趋势之一。自愈的含义不仅仅是在故障发生时自动进行故障定位、隔离和健全区域恢复供电，更重要的是能够实时检测故障前兆和评估配电网的健康水平，在故障发生前进行安全预警并采取预防性控制措施，避免故障的发生，使配电网更加坚强。

4. 经济高效

经济高效也是智能配电网的重要特征，因此经济高效也是配电自动化的发展趋势之一。与发达国家相比，我国配电网的设备利用率还普遍较低，尽管在城市中已经基本建成了"手拉手"环状网，但是为了满足"N-1"安全准则，其最大利用率仍不超过50%。采用多分段多联络和多供一备等接线模式有助于提高设备利用率，只是需要有模式化故障处理措施来应对各种故障。

5.适应分布式电源接入

随着智能配电网建设，光伏发电、风电、小型燃气轮机、大容量储能系统等分布式电源越来越多地接入配电网。分布式电源的接入，一方面对配电网的短路电流、潮流分布、保护配合等带来一定影响；另一方面又能在故障时支撑有意识孤岛供电，增强应急能力。因此，适应分布式电源接入并发挥其作用也是配电网自动化的发展趋势之一。

第四节 调度自动化管理

一、一般原则

自动化系统的功能、性能指标应满足有关企业标准、行业标准和规范、规程的要求，满足电力系统调度控制运行管理的需要。

主站系统的配电网图模遵循"源端维护，全网共享"的原则。

自动化系统安全防护应符合《电力监控系统安全防护规定》（国家发展改革委令〔2014〕第14号)、《电力监控系统安全防护总体方案》（国能安全〔2015〕36号）和《关于加强配电网自动化系统安全防护工作的通知》（国家电网调〔2011〕168号）的要求，按照"安全分区、网络专用、横向隔离、纵向认证"的原则全面进行防护。系统设计方案应提交上级调度机构进行安全防护专项审核，审核不通过的新建系统需整改通过后方可在生产控制大区部署；在运系统中不满足安全防护要求的设备及功能模块应立即停运并限期完成整改，整改完成后方可重新投运。

二、运行维护管理

1.日常管理

自动化运维、值班人员应经过专业培训及考试，考试合格后方可上岗。脱离岗位半年以上者，上岗前应重新进行考核。

自动化运维、值班人员应严格执行相关的运行管理制度，保持机房和周围环境的整齐清洁。在处理调度控制系统系统故障、进行重要测试和操作时，原则上不进行值班人员交接班。

自动化运维人员应定期对系统和设备进行巡视、检查、测试和记录，核对自动化信息的准确性，定期开展数据库、系统、安防设备的策略备份工作，发现异常情况及时处理，做好记录并按有关规定要求进行汇报。

2.检修票、缺陷管理

在进行主站系统运行维护时，如可能会影响自动化信息或功能，应按规定提前办理自动化检修票，相关调度机构应参与检修票会签，开工前自动化值班人员应提前通知值班调控员。

在子站设备进行工作时，如可能会影响到上下行自动化信息，应按规定提前办理自动化检修票，开工前应提前通知相关调控机构自动化值班人员，自动化值班人员应通知值班调控员。

系统或设备缺陷未消除前，应加强管理，提高巡视力度，监视缺陷的发展趋势。紧急缺陷、重要缺陷因故不能按规定期限消缺，应及时向相关调控机构汇报。

3. 馈线自动化（FA）管理

在配电终端设备新投前，自动化运维人员或自动化值班人员参加由运行维护单位组织与进行配网终端设备的 FA 功能调试和传动试验，并出具联调报告，明确其性能和参数满足相关技术标准要求。

FA 功能投退应由值班调控员下令操作，任何人均不得随意更改 FA 功能状态。

三、检修管理

1. 总体要求

配电自动化检修工作主要包括对自动化系统和设备的结构进行更改、软硬件升级、年检、消缺等内容。

未经调控机构自动化管理部门同意，严禁在调管范围内的配电自动化设备进行维护、调试、试验、测试、消缺等工作。

自动化设备的计划检修和临时检修，应向调控机构办理自动化检修票并按规定履行审核、批准、开工、延期、完工手续。

2. 检修票管理

自动化检修票应提前 3 个工作日（重要节日或重大保电时期应提前 5 个工作日），临时检修应提前 4 小时提出申请，报调控机构自动化管理部门批准后方可实施。

主站系统的故障消缺，自动化值班人员应及时通知相关业务部门，提出检修工作申请，经同意后方可进行工作。情况紧急时，可先进行处理，处理完毕后 1 天内将故障处理情况报告主管领导。

子站设备发生故障后，运维人员应立即向自动化值班人员取得联系，报告故障情况、影响范围，提出检修工作申请，经同意后方可进行工作。情况紧急时，可先进行处理，处理完毕后 1 天内将故障处理情况上报相关调控机构。

已开工的自动化检修工作，当电网出现紧急情况时，值班调控员有权终止检修工作。仍需检修的，设备运维单位应重新办理相关流程手续后方可进行。

第五节　配电运营管控

配电运营管控业务是指在依托智能化技术支持系统实现对配电网设备的实时在线运行监测和状态评估，提前开展设备隐患整治和故障抢修工作，主动靠前提升配电运营和供电服务水平。通过新技术的创新和改进，将更加主动为客户服务，提升客户满意度。

一、主动抢修

主动抢修业务是指根据设备实时运行数据，依托智能化技术支持系统分析判断配电网故障停运、缺相断线等配电网故障停运事件，第一时间通过抢修工单的形式自动或手动发送给相应班组进行现场紧急处理。

主动抢修业务先于用户报修生成，其具备的特点有：①主动性，无须用户进行故障报修，主动开展抢修服务；②及时性，在配电网故障停电的第一时间下派抢修工单，尽力缩短抢修时间；③精确性，精确确认故障设备，减少抢修人员查找故障时间。

主动抢修业务改变了过去需客户报修才进行抢修的被动局面，能有效缩短故障抢修和用户停电时间。如在此基础上进一步开展故障停电和抢修通知到户工作，将极大缓解故障报修业务压力，提升客户服务满意度。

主动抢修工单分为配电网主干线停电主动抢修工单、配电网分支线停电主动抢修工单、配变（配电变压器）停电主动抢修工单、低压线路停电主动抢修工单和单户停电主动抢修工单。针对推送到配电网故障研判技术支持系统的各类停电告警信息，在进行故障研判前，应在已发布的停电信息范围内进行过滤判断。

1. 配电网主干线停电主动抢修

配电网主干线停电主动抢修是指监测到配电网主干线路故障停电后，派发主动抢修工单到相应抢修班组，及时开展抢修复电工作。

配电网主干线停单的故障研判可通过以下两种方式实现，两种研判结果可相互校验，形成最终的研判结果。第一种采用主干线开关跳闸信息直采，从上至下进行电网拓扑分析。第二种未接收到主干线开关跳闸信息时，采用多个分支线开关跳闸信息和联络开关运行状态，由下往上进行电源点追溯到公共主干线开关，再由该主干线开关为起点，从上至下进行电网拓扑分析，生成停电区域。主干线开关跳闸信息应结合该线路下的多个配变停电告警信息，校验主干线开关跳闸信息的准确性。

（1）配电网故障研判技术支持系统接收主干线开关跳闸信息后，根据电网拓扑关系，结合联络开关运行状态信息，从上至下分析故障影响的停电区域。

（2）配电网故障研判技术支持系统接收多条分支线失电信息后，由下往上进行电源点追溯，获取同一时段下多条分支线所属的公共主干线路开关，结合联络开关运行状态信息，根据电网拓扑关系，生成停电区域。一旦报送的该主干线路下分支线开关跳闸数量在预先设定的允许误报率范围内，则研判为主干线故障，否则研判为分支线故障。

2. 配电网分支线停电主动抢修

配电网分支线停电主动抢修是指监测到配网分支线路故障停电后，派发主动抢修工单到相应抢修班组，及时开展抢修复电工作。

配电网分支线停电的故障研判可通过以下两种情况实现，两种研判结果可作为相互校验的依据，并能实现研判结果的合并。第一种采用分支线故障信息直采，并从上至下进行电网拓扑分析。第二种未接收到分支线开关跳闸信息时，采用配变停电告警，由下往上进行电源点追溯到公共分支线开关，再由分支线开关为起点从上至下进行电网拓扑分析，生成停电区域。分支线开关跳闸信息应结合该支线路下的多个配变停电告警信息，校验分支

线开关跳闸信息的准确性。

（1）配电网故障研判技术支持系统接收分支线（联络线、分段）开关跳闸信息后，根据电网拓扑关系，结合联络开关运行状态信息，从上至下分析故障影响的停电区域。

（2）配电网故障研判技术支持系统接收多个配变失电告警信息后，由下往上进行电源点追溯，获取同时段下多个配变的公共分支线开关，再根据分支线开关和联络开关状态信息，以公共分支线开关为起点，从上至下进行电网拓扑分析，生成停电区域。一旦报送的失电配变数量在预先设定的允许误报率范围内，则研判为该分支线停电，并生成分支线故障影响的停电区域，否则研判为配变停电。

3. 配变停电主动抢修

配变停电主动抢修是指监测到配变设备故障停电后，派发主动抢修工单到相应抢修班组，及时开展抢修复电工作。

配变停电的故障研判可通过以下两种情况实现，两种研判结果可作为相互校验的依据，并能实现研判结果的合并。第一种采用配变故障信息直采，并从上至下进行电网拓扑分析。第二种未接收到配变故障信息时，采用低压线路失电告警。由下往上进行电源点追溯到公共配变，再由该配变为起点，从上至下进行电网拓扑分析，生成停电区域。配变停电告警信息应通过实时召测配变终端及该配变下随机多个智能电表的电压、电流、负荷值来校验配变停电信息的准确性。

（1）配电网故障研判技术支持系统接收到配变停电告警信息后，由下往上进行电源点追溯，获取同一时段下多个配变的公共分支线开关信息，再根据分支线开关和联络开关状态信息，从上至下进行电网拓扑分析，生成停电区域。一旦报送的停电配变数量在预先设定的允许误报率范围内，则判断该分支线停电，并生成分支线故障影响的停电区域，否则研判为本配变停电。

（2）配电网故障研判技术支持系统接收到低压线路停电告警后，由下往上进行电源点追溯，获取该低压线路所属配变。以该配变为起点从上至下进行电网拓扑分析，生成停电区域，如该配变下所有的配变低压出线停电，则研判为本配变停电。

4. 低压线路停电主动抢修

低压线路停电主动抢修是指监测到低压线路故障停电后，派发主动抢修工单到相应抢修班组，及时开展抢修复电工作。

低压线路停电的故障研判原理：配电网故障研判技术支持系统接收低压线路开关跳闸或低压采集器停电告警信息后，从下往上进行电源点追溯，获取同一时段下的公共低压分支线开关和联络开关状态信息，从上至下进行电网拓扑分析，生成停电区域。一旦报送的低压分支线开关跳闸或低压采集器停电告警信息数在预先设定的允许误报率范围内，则研判为该公共低压线路停电，并生成低压线路故障影响的停电区域，否则研判为本低压分支线或低压采集器停电。

5. 单户停电主动抢修

单户停电主动抢修是指监测到单一客户故障停电后，派发主动抢修工单到相应抢修班组，及时开展抢修复电工作。

单户停电的故障研判原理：①配电网故障研判技术支持系统接收到触发低压计量装置

停电的判断条件后，依据营配贯通客户对应关系，获取客户低压计量装置信息及坐标信息，实现报修客户定位；②依据电网拓扑关系由下往上追溯到所属配变；③通过客户侧低压计量装置及所属配变的运行信息进行判断。

如果低压计量装置成功采集召唤测量数据且运行数据正常，则研判为客户内部故障；如果低压计量装置召测成功但运行数据异常，则研判为低压单户故障；如果低压计量采集装置召测失败、配变运行正常，则研判为低压故障；如果配变有一相成两相电压异常（电压约等于零），则研判为配变缺相故障；如果配变电压、电流都异常（电压、电流都约等于零），则研判为本配变故障。

客户单户停电告警信息应通过客户侧低压计量装置的电压、电流、负荷值来校验客户失电告警信息的准确性。

二、主动预警

主动预警业务是指根据设备实时运行数据，依托智能化技术支持系统分析判断出配网运行设备存在重过载、低电压、三相不平衡等异常事件，并以预警工单的形式自动或手动发送给相应运维班组进行现场核实，开展隐患异常整治工作，提高设备运行健康水平和供电质量。

主动预警工单是通过对配电网设备在线实时监测生成的，与运维人员的日常巡视检查是很好的互补，其具备以下特点：①主动性，通过对配电网设备在线实时监测生成，主动开展异常整治工作；②预见性，主动预警工单根据配电网设备运行数据生成，对设备进入异常运行状态具有预见性；③精确性，精确确认异常设备，减少运维人员巡视检查时间。

配电网设备数量极其庞大，同时设备运行状态是一个动态变化的过程，常规的巡视检查工作难以覆盖到每一个设备，也难以诊断出设备近期是否出现过运行异常。主动预警业务能提前预见发现进入异常运行状态的配电网设备，与运维人员的日常巡视检查形成了良好互补，辅助运维人员提前开展隐患异常整治工作，提高设备运行健康水平和供电质量。

主动预警工单分为配电网线路重过载主动预警工单、配变三相不平衡主动预警工单、配变低电压主动预警工单和配变重过载主动预警工单。

1. 配电网线路重过载主动预警工单

配电网线路重过载主动预警工单是指监测到配电网线路出现重过载后，派发主动预警工单到相应运维班组进行现场核实，加强巡视监控，根据严重程度开展相应的隐患异常整治工作。

配电网线路的负载情况根据配电网线路负载率计算，计算公式如下：

$$配电网线路负载率 = 线路三相有功总功率 / 配网线路额定容量 \times 100\%$$

配电网线路的额定容量与导线材料、截面、型号、敷设方法以及环境温度等有关，通常采用常规温度下的线路载流量。一般来说，负载率为$80\% \sim 100\%$，并持续一段时间（如1h及以上）视为重载；负载率为100%以上，并持续一段时间（如1h及以上）视为过载。

配电网线路的负载率监测工作依赖于配电自动化的覆盖程度，理想情况下任一分支线均可以实现实时监测。但配电网自动化经济投入大，覆盖率还难以达到100%，通常只能实现主线的实时监测。在配电网拓扑关系准确清晰的情况下，可以依据配变总的有功负荷情况近似估算分支线末端的有功负荷。

2. 配变重过载主动预警工单

配变重过载主动预警工单是指监测到配变设备出现重过载后，派发主动预警工单到相应运维班组进行现场核实，加强巡视监控，根据严重程度开展相应隐患异常整治工作。

配变设备的负载情况根据配变负载率计算：

$$配变负载率 = 配变三相有功总功率 / 配变额定容量 \times 100\%$$

与配电网线路的负载率类似，一般来说，配变负载率为 80%～100%，并持续一段时间（如 2h 及以上）视为重载；配变负载率为 100% 以上，并持续一段时间（如 2h 及以上）视为过载。

当配变出现重过载后，容易伴随出现配变三相不平衡、低电压等异常情况，保持配变负载率在一个合理范围以内，能够有效提高配变健康运行水平和供电电压质量，从而提升供电企业的配网运营和优质服务水平。

3. 配变三相不平衡主动预警工单

配变三相不平衡主动预警工单是指监测到配变设备出现三相不平衡后，派发主动预警工单到相应运维班组进行现场核实，加强巡视监控，根据严重程度开展相应隐患异常整治工作。

配变设备三相不平衡度计算公式为：

$$配变三相不平衡度 = （最大相电流 - 最小相电流）/ 最大相电流 \times 100\%$$

在计算配变三相不平衡度时，应充分考虑空载、轻载配变的情况。一般来说，配变负载率为 60% 以上，配变三相不平衡度大于 25% 并持续一段时间（如 2h 及以上）可视为配变三相不平衡。配变三相不平衡通常采用调整每相负荷予以平衡治理。

4. 配变低电压主动预警工单

配变低电压主动预警工单是指监测到配变出口电压偏低后，派发主动预警工单到相应运维班组进行现场核实，加强巡视监控，根据严重程度开展相应隐患异常整治工作。

当配变电压低于标准电压 10% 及以上，并持续一段时间（如 2h 及以上）可视为低电压。如标准电压为 220V 时，当最低相电压低于 198V 并持续规定时间，则判定配变出现了低电压的异常。造成配变低电压的原因较多，如上级供电线路电压偏低、供电半径过长、负载过重等，需根据实际情况进行整治。

附录A 停送电联系指南

一、停电检修申请书如何办理

总任务			停电检修申请书的办理	备注
序号	任务步骤	涉及人员	相 关 要 求	
1	编制月度检修计划	设备运维及基建单位停送电联系人	《月度检修计划申请表》的报送: 1. 各设备运维单位按规定格式填写《月度检修计划申请表》,以加盖公章的书面和电子版本形式,于每月10日12:00前报送给属地调控中心电网运行方式与停电检修管理人员。 2. 基建施工和电网改造项目需要运行设备配合停电的工作,包括高电压等级线路需要跨越低电压等级线路的停电工作,基建单位应提前做好施工方案,将停电区域图和计划停电时间等相关资料报供电公司相关部门审批后,于每月5日12:00前提交属地调控中心电网运行方式与停电检修管理人员	OMS系统操作流程详见附录B
		供电公司相关专业专责、设备运维及基建单位停送电联系人	月度检修计划预平衡会: 1. 属地供电公司调控中心、运维检修部会同各检修、运维、基建单位等,根据各单位上报的《月度计划检修申请表》,原则上于每月10日14:30召开次月停电检修计划预平衡会,对检修计划进行初步平衡。 2. 各参会单位应根据初步协调后的意见,对本单位的检修计划进行必要调整后,于每月13日15:00重新上报给调控中心电网运行方式与停电检修管理人员	
		供电公司相关专业专责、设备运维及基建单位停送电联系人	月度检修计划平衡会: 供电公司调控中心、运维检修部会同各检修、运行、基建单位,原则上于每月15日9:00召开月度检修计划平衡会,确定次月月度检修计划	
		供电公司调控中心	编制月度检修计划: 调控中心根据月度检修计划平衡会统一平衡后确定的次月月度检修计划,编制次月《月度检修计划》,并报送公司相关部门会审,由公司主管生产副总批准后,将批准的次月《月度检修计划》于每月28日前在OMS系统上发布	
2	办理停电检修申请书	设备运维单位停送电联系人	办理《计划停电检修申请书》: 1. 列入《月度检修计划》的工作项目办理《计划停电检修申请书》。 2. 由各检修设备所属运维单位在检修工作开始前5个工作日至前1个工作日的每日上午12:00前办理。 3. 严格按《计划停电检修申请书》的填写格式和要求规范填写,明确计划工作时间,并按照工作量严格核定工作时间,满足《配电网典型检修作业标准工时规范的要求》	

120

总任务			停电检修申请书的办理	
序号	任务步骤	涉及人员	相　关　要　求	备注
2	办理停电检修申请书	设备运维单位停送电联系人	4. 严格使用设备双重命名编号。 5. 必须正确、清楚地标注停电范围和工作范围。 6. 必须正确描述检修工作内容。 7. 涉及同杆双回（多回）、同杆异电源的，填报方必须按要求认真填报。 8. 由填报方对《计划停电检修申请书》填报内容的正确性、完整性负责。 9. 对不符合填写要求的《计划停电检修申请书》，属地调控中心电网运行方式与停电检修管理人员有权要求填报方重新填写，直至符合规定要求，对拒不配合者有权拒签	OMS 系统操作流程详见附录 B
		设备运维单位停送电联系人	办理《非计划停电检修申请书》： 1. 设备发生异常或缺陷需停运处理的、事故后设备的检修不能在 24 小时内完成的，以及未纳入《月度检修计划》中的检修项目，办理《非计划停电检修申请书》。 2. 设备发生异常或缺陷需停运处理的，在设备停运前 12 小时办理。事故后设备的检修不能在 24 小时内完成的，即时办理。未纳入《月度检修计划》中的检修项目，原则上于检修工作开始前 5 个工作日至前 1 个工作日的每日上午办理。 3. 填报方必须严格按《非计划停电检修申请书》的填写格式和要求规范填写。具体填写要求同《计划停电检修申请书》。 4. 当值调控员有权批复以下检修项目，无需办理《非计划停电检修申请书》： （1）设备异常需紧急处理及设备事故后的紧急抢修且在 24 小时内能够完成的检修项目。 （2）在当值内可以完工且不超出已批准的《电网设备检修申请书》停电及工作范围的临时消缺工作	
		客户书面认定并在调度部门备案的停送电联系人	办理《客户停电检修申请书》。 1. 客户产权输变电设备（包括线路、变压器等），需停电检修或其他原因需客户产权输变电设备停电的工作时，均须办理《客户停电检修申请书》。 2. 办理时间为客户设备停电前 3 个工作日。 3. 客户必须严格按《客户停电检修申请书》的填写格式和要求规范填写，并加盖客户单位公章或持有单位介绍信。具体填写要求同《计划停电检修申请书》填写要求。 4.《客户停电检修申请书》必须经属地客户服务中心审核并签字同意。 5. 由属地供电公司营销部门对客户提交的《客户停电检修申请书》中检修工作的必要性、安全性进行审核，签字同意后，方能在电力调度控制中心办理《客户停电检修申请书》	
		设备运维单位停送电联系人，或客户书面认定并在调度部门备案的停送电联系人	办理电网设备新投异动手续： 1. 无论何种产权归属，电网设备检修涉及新投异动的均要办理新投异动手续。 2. 由项目建设单位在新设备投运前 20 个工作日向属地调控中心提供相关的资料，资料应以书面形式上报，并将相关的资料录入 OMS 设备资料库。 3. 属地调控中心收到资料后，进行有关继电保护定值的整定计算、设备调度命名编号和调度管辖范围划分等，并在 15 个工作日内向有关单位提供继电保护定值通知单和调度命名编号。	

总任务			停电检修申请书的办理	
序号	任务步骤	涉及人员	相　关　要　求	备注
2	办理停电检修申请书	设备运维单位停送电联系人，或客户书面认定并在调度部门备案的停送电联系人	4. 完成前期工作后，由设备运行单位提前 3 日按属地调控中心要求报送相关资料，核实资料与现场实际设备相符合，正确清晰地反映在图纸资料上，在 OMS 系统上《电力系统输变电新设备投运（设备异动）申请》填写相关内容并上传。 5. 由申请单位负责人、电力营销部（农电工作部）、运维检修部、调控中心、自动化、通信审批人员对《电力系统输变电新设备投运（设备异动）申请》进行审批	
3	审核检修申请	供电公司相关专业专责	1. 调控中心检修专责：负责受理《电网设备检修申请书》，审核确认计划停电项目是否已列入当月《月度检修计划》，设备停电范围界面是否清晰，《电网设备检修申请书》中设备名称、编号、附图是否符合规范。根据电网运行的实际情况和设备检修工作的具体要求，提出电网运行方式调整意见，必要时编制《运行方式调整方案》，并将《电网设备检修申请书》及《运行方式调整方案》传相关专业会签。 2. 调控中心稳定专责：负责审核《电网设备检修申请书》中输变电设备停电后对电网运行的影响，负责提出设备运行控制要求、控制方案。 3. 调控中心保护专责：负责审核《电网设备检修申请书》中运行方式调整后继电保护定值是否满足运行要求，并负责提出继电保护定值调整方案。 4. 调控中心自动化专责：负责审核《电网设备检修申请书》中输变电设备停电后对自动化信息是否有影响，并负责提出解决方案。 5. 信通公司通信专责：负责审核《电网设备检修申请书》中输变电设备停电后对通信、光纤通道是否有影响，并负责提出解决方案	OMS 系统操作流程详见附录 B

二、停电检修申请书如何进行停送电联系

总任务			停电检修申请书的停送电联系	
序号	任务步骤	涉及人员	相　关　要　求	备注
1	停电	配调当值调控员	1. 根据停电检修申请书拟写调度操作指令票；拟写调度操作指令票应该做到"五查"：查检修申请单位、时间和编号；查停电范围、工作范围；查停送电设备状态；查相关运行方式安排；查继电保护有无调整。 2. 调度操作指令票提前拟定并预发，待正式下令后才能具体执行；根据停电检修申请书的停电时间，下令给运维操作人员；接收运维操作人员的调度操作指令票执行情况和执行时间汇报	详见第四章第一节
		运维操作人员	接收调度操作指令票；执行调度操作指令票；操作完毕后将调度操作指令票执行情况和执行时间汇报配调当值调控员	

续表

总任务			停电检修申请书的停送电联系	
序号	任务步骤	涉及人员	相　关　要　求	备注
2	开工	配调当值调控员	1. 与停电检修申请书的停送电联系人进行联系，向停送电联系人确认停电检修申请书上的申请单位、申请编号、检修设备名称、检修内容，告知停电检修申请书要求的停电范围内设备已经停电，要求在工作地点各端验电接地做好临时安全措施后开始工作，并给出开工时间。 2. 开工后，当值调控员应按照停电检修申请书拟写送电调度操作指令票，并将其预发给设备维护单位	详见第四章第一节
		停送电联系人	向配调当值调控员汇报停电检修申请书上的申请单位、申请编号、检修设备名称、检修内容，与配调当值调控员核实停电范围内设备已经停电，现设备状态满足停电检修申请开工条件，联系开工	
3	完工	停送电联系人	1. 核查现场，确认无新增工作，应与工作负责人一起，再次确认工作人员已经全部撤离工作现场，确认工作所做的临时安全措施已经全部拆除，无遗留。 2. 如停电检修申请书工作中有要求进行相关试验的，停送电联系人还应检查相关试验合格报告。 3. 向当值调控员汇报停电检修申请书完工，汇报工作现已全部结束，人员撤离工作现场，临时安全措施全部拆除，停电检修申请书停电范围内设备具备送电条件，申请送电	
		配调当值调控员	与停送电联系人核实停电检修申请书的申请单位、申请编号、检修设备名称、检修内容，工作全部结束，人员撤离工作现场，临时安全措施全部拆除，该停电检修申请书停电范围内设备具备送电条件并给出完工时间	
4	送电	配调当值调控员	1. 将停电检修申请书的送电调度操作指令票下达给运维操作人员。 2. 接收运维操作人员的调度操作指令票执行情况和执行时间汇报。 3. 将停电检修申请书送电情况告知供电服务指挥中心配网抢修指挥班	
		运维操作人员	接收调度操作指令票；执行调度操作指令票；操作完毕后将调度操作指令票执行情况和执行时间汇报当值调控员	
		配网抢修指挥班	维护相应的送电信息	

注　1. 提前完工：计划检修工作提前结束的，停送电联系人应第一时间汇报当值调控员，并联系完工。

2. 取消申请：因雷雨天气、生产安排调整等原因导致计划检修工作无法进行的，停送电联系人应第一时间汇报当值调控员，并联系该计划检修申请取消。

3. 延迟送电：因现场工作量大、设备缺陷等原因导致计划检修工作无法按时完工的，停送电联系人应提前 1 小时汇报当值调控员，由当值调控员对外发布延迟送电信息。

三、危急缺陷处理如何进行停送电联系

总任务			危急缺陷处理的停送电联系	
序号	任务步骤	涉及人员	相 关 要 求	备注
1	停电	停送电联系人	将配电网设备发生危急缺陷现场情况向配调当值调控员汇报，确定需停电设备	
		配调当值调控员	1. 对停送电联系人汇报的缺陷进行分析判断，对停电必要性和风险进行分析。 2. 对于紧急缺陷，立即确定停电范围并将停电信息通知配网抢修指挥班，相应运维班组进行现场操作，同时按照停送电联系人缺陷处理要求，拟写事故口令，并且下令给运维操作人员；接收运维操作人员的事故口令执行情况和执行时间汇报。 3. 对于非紧急缺陷，通知停送电联系人及时办理申请处理	
		运维操作人员	执行事故口令；操作完毕后将事故口令执行情况和执行时间汇报配调当值调控员	
		配网抢修指挥班	发布相应的停电信息	
2	开工	配调当值调控员	告知停送电联系人缺陷要求的停电设备已经停电，要求停送电联系人在工作地点各端验电接地做好临时安全措施后可开始工作，并给出开工时间	详见第四章第二节
		停送电联系人	向配调当值调控员核实缺陷要求的停电设备已经停电，现设备状态满足工作要求，可以开工进行缺陷处理	
3	完工	停送电联系人	1. 核查现场，确认无新增工作，核实缺陷确实已经消除；与工作负责人一起再次确认工作人员全部撤离工作现场，检查工作所做的临时安全措施全部拆除，无遗留，如危急缺陷处理工作有要求进行相关试验的，停送电联系人还应检查相关试验合格报告。 2. 向当值调控员汇报危急缺陷处理完工，缺陷处理工作全部结束，人员撤离工作现场，临时安全措施全部拆除，设备具备带电条件，申请送电	
		配调当值调控员	与停送电联系人核实缺陷处理工作全部结束，人员撤离工作现场，临时安全措施全部拆除，设备具备带电条件，并给出完工时间	
4	送电	配调当值调控员	1. 按照缺陷处理情况拟写事故口令并下达给运维操作人员；接收运维操作人员的事故口令执行情况和执行时间汇报。 2. 送电完成后将此缺陷送电情况通知给配网抢修指挥班	
		运维操作人员	执行事故口令；将事故口令执行情况和执行时间汇报当值调控员	
		配网抢修指挥班	维护相应的送电信息	

四、故障处理如何进行停送电联系

总任务			故障处理的停送电联系	
序号	任务步骤	涉及人员	相　关　要　求	备注
1	停电	配调当值调控员	1. 根据相关调度自动化系统或现场运维人员巡视结果进行分析判断，确定停电范围并将停电信息通知配网抢修指挥班。 2. 在故障巡视后，按照停送电联系人故障处理要求，拟写事故口令，并且下令给运维操作人员。 3. 接收运维操作人员的事故口令执行情况和执行时间汇报	
		停送电联系人	1. 根据配调的停电通知，对线路开展巡视。 2. 将巡视情况汇报当值调控员，确定故障处理需配调配合操作的设备	
		运维操作人员	接收并执行事故口令，操作完毕后将事故口令执行情况和执行时间汇报配调当值调控员	
		配网抢修指挥班	发布相应的停电信息	
2	开工	配调当值调控员	告知停送电联系人故障要求的停电设备已经停电，要求停送电联系人在工作地点各端验电接地做好临时安全措施后可开始工作，并给出开工时间	详见第四章第三节
		停送电联系人	向配调当值调控员核实故障要求的停电设备已经停电，现设备状态满足工作条件，可以开工进行故障处理	
3	完工	停送电联系人	1. 核查现场，确认无新增工作，核实故障确实已经消除； 2. 与工作负责人一起再次确认工作人员全部撤离工作现场，检查工作所做的临时安全措施全部拆除，无遗留，如故障处理工作有要求进行相关试验的，停送电联系人还应检查相关试验合格报告； 3. 向配调当值调控员汇报故障处理工作全部结束，人员撤离工作现场，临时安全措施全部拆除，设备具备带电条件，申请送电	
		配调当值调控员	与停送电联系人核实故障处理工作全部结束，人员撤离工作现场，临时安全措施全部拆除，设备具备带电条件并给出完工时间	
4	送电	配调当值调控员	1. 按照故障处理情况拟写事故口令并下达给运维操作人员；接收运维操作人员的事故口令执行情况和执行时间汇报 2. 送电完成后将此故障送电情况通知给配网抢修指挥班	
		运维操作人员	接收并执行事故口令；将事故口令执行情况和执行时间汇报配调当值调控员	
		配网抢修指挥班	维护相应的送电信息	

五、其他紧急情况如何进行停送电联系

故障情况			其他紧急情况下的停送电联系	
序号	故障分类	涉及人员	相 关 要 求	备注
1	高压客户内部故障	配调当值调控员、停送电联系人、用电检查人员	1. 高压客户内部故障造成进线电源失电，客户值班员（停送电联系人）应迅速向当值调控员汇报，听候处理，客户内部故障修复送电应得到营销部门用电检查人员同意。 2. 客户设备发生故障，引起线路跳闸（或单相接地），相关单位值班人员（停送电联系人）应及时主动向当值调控员如实报告，配合当值调控员尽快恢复线路送电。 3. 各发电厂、客户变电站非调度管辖及许可设备发生事故时，由各站值班员自行处理，并及时汇报所管辖调控机构	
2	客户值班人员误操作	配调当值调控员、停送电联系人	1. 因客户值班人员误操作引起线路跳闸，值班人员（停送电联系人）必须立刻向当值调控员如实报告。 2. 当值调控员在无法确认该客户是否具备送电条件前，有权不对该客户恢复供电	

附录 B　OMS 系统操作指南

一、配电网设备检修申请办理

客户变电站内凡属调度管辖（许可）的设备检修以及客户在进线电源设备上进行的检修工作，包括配合电源线路停电的检修工作，一律要办理停电检修申请。

设备运维单位按照停电计划安排，通过 OMS 系统申报设备停电检修申请；涉及新设备启动的，应提前通过 OMS 系统上报资料，办理新投（异动）申请。调控机构按照规定的时间要求在计划执行前下发经批准的设备停电检修申请。

调控机构应在 OMS 系统中对设备停电检修申请进行审批，如发现停电范围或安全措施不符时，应退回设备停电检修申请，并通知申请单位重新办理。

二、OMS 系统办理停电检修申请书操作流程

1. 使用 IE 浏览器登录 OMS 系统（见图 B-1）

图 B-1　OMS 系统登录界面

2. 办理新投（异动）申请（涉及设备新投异动时办理，否则可省略此步骤）

（1）启动设备新投（异动）流程。单击左上角三个横线的菜单键（见图 B-2），选择"流程处理"，点击"启动流程"；若办理新投申请，选择"设备新投流程"后，点确定；若办理异动申请，选择"设备异动流程"后，点确定。

（2）办理新投申请。系统中完善"输变电新设备投运申请"（见图 B-3），并上传附图和新投申请单附件；因"新投设备名称"一栏不能手填，只能在设备库里选择，因此办理新投申请需在设备库里新建待新投设备。

以 110kV YH 变电站新投 10kV 备用 940 开关为例，单击"新投设备名称"栏后的"…"，进入设备库（见图 B-4），找到变电站，根据设备铭牌信息，进行设备新建："＊"为必填项，"@"为系统自动生成，其他参数信息在设备铭牌上有的也应尽量完善。

新投设备建好后点保存，双击左侧框内设备，即为选择该设备新投，随后设备进入下

图 B-2　设备新投（异动）启动流程

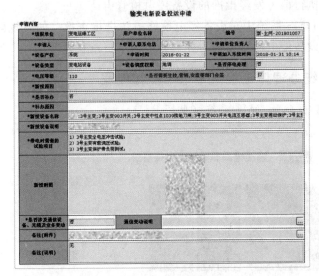

图 B-3　输变电新设备投运申请

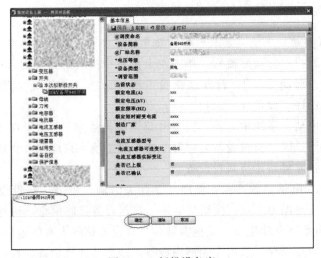

图 B-4　新投设备库

方空白框内。新建每一个设备后均须保存，在所有设备选择完毕后，点"确定"。一张申请单中最多可选择 50 个设备；若选错设备，可点"清除"重选。

若涉及通信设备、光缆及业务变动，需填写通信设备、光缆及业务变动申请单并上传附件。所有内容填完后保存，选择"发送"，提交相关部门会签。提交后，及时提醒相关部门专责审核会签。调度方式会签后，生成新投申请单编号。

(3) 办理异动申请。异动申请与新投申请类似，首先新建"设备异动流程"。完成输变电设备异动申请（见图 B-5），异动设备名称与异动后设备名称也是在系统里面选择。"异动设备名称"一栏选择好后，"异动后设备名称"一栏首先会自动出现同样的设备。

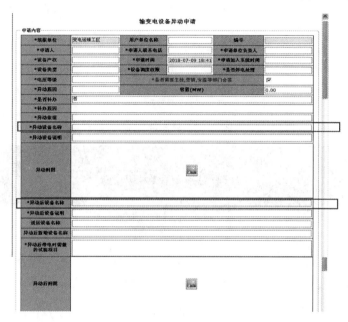

图 B-5 新设备异动申请

单击"异动后设备名称"栏后的"…"进入设备库（见图 B-6），对异动后设备进行编辑；以"YH 变电站 10kV 备用 911 开关"异动为例：选择"本次拟异动开关"，再选择右边"复制异动设备"，随后复制了设备异动前的台账信息，根据新设备铭牌或调度文件等信息，对异动后的设备参数进行修改，确保修改后的设备信息与异动后设备一致，随后单击保存、确定。

完成其他相关信息后，启动流程，选择"发送"，提交相关部门会签。提交后，及时提醒相关部门专责审核会签。调度方式会签后，生成异动申请单编号。

(4) 新投（异动）申请提出后，可在首页的工作流列表的当前任务中找到并进行修改；新投（异动）申请提交后，在工作流列表的历史任务中可以找到。

3. 办理停电检修申请

(1) 进入"检修管理"→"检修申请单管理"→"设备检修单管理"（见图 B-7）。

(2) 提出申请。在草稿箱中新建申请，完善检修申请书（见图 B-8）。

(3) 若该检修申请涉及设备的新投（异动），须将会签后生成的新投（异动）申请书编号选上。所有内容填写完毕确认无误后，先保存，后发送审核。发送后，该申请从草稿

图 B-6　异动设备库

图 B-7　设备检修单管理

图 B-8　检修申请书

箱转移到"已发送"。申请提出后，可在首页工作流列表的当前任务中找到并进行修改；在方式接收审核前，可自行追回修改。

三、停电检修申请 OMS 系统审批流程

配电网设备检修申请在 OMS 系统中的审批流程如图 B-9 所示。

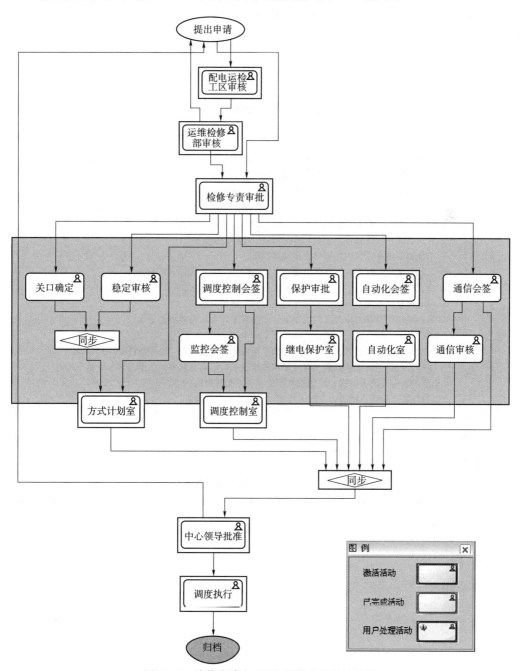

图 B-9　检修申请在 OMS 系统中的审批流程

附录 C 停送电联系红黄牌制度

为了使停送电联系人与调度业务联系更安全、更高效，更好地保证配电网运行安全和可靠供电，制定停送电联系红黄牌制度。

	红 黄 牌 制 度
黄牌警告	发生以下情形，计黄牌警告： 1. 巡视不力，导致送电不成功，未造成严重后果的。 2. 未按规定对操作票和工作票进行分析、评价和考核。 3. 在调度联系上，未严格执行复诵制度的。 4. 计划检修未按送电前 1 个小时申请工作延迟的。 5. 新投、异动、停电检修申请书不符合规范要求或有错误的。 6. 其他违反调规、操规、安规等规程，未造成较大影响的
红牌警告	发生以下情形，计红牌警告： 1. 停送电联系资质被冒用。 2. 干预调度值班，或通过用户干预调度值班。 3. 未与调度联系开工，私自开工处理。 4. 擅自变更工作内容、扩大工作范围或变更现场安全措施。 5. 停电作业接地前不验电或漏挂接地线（漏合接地刀闸）。 6. 有必要现场勘察的未开展现场勘察，或勘察不认真，无勘察记录的。 7. 巡视不力，导致送电不成功，造成严重后果。 8. 未按停送电联系流程执行，拒不提供情况说明、试验报告（电缆故障必须）的。 9. 工作班成员还在工作或还没完全撤离工作现场，停送电联系人就办理工作终结手续的。 10. 现场临时安措未拆除，申请送电造成开关再次跳闸的。 11. 其他违反调规、操规、安规等规程，造成严重影响的
管理细则	1 次"黄牌"警告：口头告知个人； 2 次"黄牌"警告：告知所在单位； 3 次"黄牌"警告等同于 1 次"红牌"警告； 1 次"红牌"警告：告知所在单位，并取消停送电联系资格

参 考 文 献

［1］ 程利军．智能配电网［M］．北京：中国水利水电出版社，2013.

［2］ 苏小平．供电服务指挥业务培训教材［M］．北京：中国电力出版社，2018.

［3］ 国家电力调度控制中心．配电网调控人员培训手册［M］．北京：中国电力出版社，2016.

［4］ 国家电力调度控制中心．配电网调控实用技术问答［M］．北京：中国电力出版社，2016.

［5］ 尤田柱，鄢志平．配电网安全防护技术［M］．北京：中国电力出版社，2018.

［6］ 诸住哲．日本智能电网图解［M］．北京：中国电力出版社，2015.